Dipl.-Ing. Wolf Siebel

Hobby Kurzwelle

Die Spezialgebiete des Weltempfangs

D1699126

Siebel Verlag

CIP-Titelaufnahme der Deutschen Bibliothek:

Siebel, Wolf:
Hobby Kurzwelle : die Spezialgebiete des Weltempfangs / Wolf
Siebel. – 4., völlig neubearb. Aufl. – Meckenheim : Siebel, 1991
ISBN 3–922221–46–7

ISBN 3–922221–46–7

4., völlig neubearbeitete Auflage 1991

© Copyright: Siebel Verlag GmbH, Meckenheim, 1991

Herstellung: betz-druck gmbh, Darmstadt-Arheilgen

Inhalt

Zeitangaben in UTC!

Bitte beachten Sie, daß alle Zeitangaben in diesem Buch in UTC (Universalzeit/Weltzeit) gehalten sind!

Umrechnung:
im Winterhalbjahr (während der Gültigkeit der Mitteleuropäischen Zeit MEZ):

UTC = MEZ –1 Stunde

im Sommerhalbjahr (während der Gültigkeit der Mitteleuropäischen Sommerzeit MESZ – von April bis September):

UTC = MESZ –2 Stunden

Beispiel: 1525 Uhr UTC = 1625 Uhr MEZ = 1725 Uhr MESZ

Arabien auf Kurzwelle

Als diese Zeilen geschrieben wurden, näherte sich der jüngste Golf-Konflikt gerade dem Höhepunkt. Alle Welt schaut auf die Golfregion, auf die Länder der arabischen Halbinsel, auf den Iran und auf die arabischen Länder Nordafrikas.

Obwohl uns diese Länder so fern vorkommen und wir mit der islamisch geprägten Lebensart wenig anfangen können, müssen wir uns eingestehen, daß uns das Geschehen im Nahen Osten, in Arabien, in der Golf-Region – oder wie immer man diesen Teil der Erdkugel benennt – stark betrifft und wohl auch betroffen machen muß.

Nachdem sich das Zusammenleben in Europa immer friedlicher gestaltet, müssen wir erkennen, daß direkt vor unserer europäischen Haustür ein hochexplosives Pulverfaß steht. Nicht nur die Kriegsgefahr in der Golfregion, die leicht zum dritten Weltkrieg eskalieren kann, bedroht uns. Beängstigend ist auch die wirtschaftliche Abhängigkeit der Industrienationen von den Ölländern und der stark gewachsene Einfluß der Ölscheiche auf unsere Staatsfinanzen, Wirtschaft und Arbeitsplätze. Und letztlich stellt auch der Islam selbst in vielen unserer Augen eine Bedrohung dar.

Gründe haben wir also genug, um uns mit den arabischen Ländern zu befassen. Denn wir wissen wenig über Arabien. Kultur, Religion, Wirtschaft, Land und Leute sind uns fremd.

Arabien, hauptsächlich die Länder, in denen der wichtige Rohstoff Öl im Überfluß zu sprudeln scheint, kannte man doch oft nur als Schauplatz der Märchen aus tausendundeiner Nacht. Und die Wohlstandseuropäer, als Ferntouristen Nachfolger der Eroberer früherer Zeiten, kennen die attraktiven Seiten Arabiens:

Die Pyramiden und Tempel in Ägypten, wo die Reste der Vergangenheit eindrucksvoller erhalten sind als nirgendwo sonst.

Das Rote Meer mit der zum Schnorcheln einladenden, zauberhaften Unterwasserwelt.

Die ewige Sonne über den Wüstenoasen mit schattenspendenden Palmen und üppigen Olivengärten in einer sonst trostlosen Sand- und Felslandschaft.

Feilschende Händler in den orientalischen Ladenstraßen, den Souks.

4

Beduinen, schwarz eingehüllte Frauen mit Gesichtsschleier und die Männer im Kaftan, dem langärmeligen Überrock.

Und obwohl die mit dem Öl verbundenen unvorstellbaren Milliardenbeträge manche der arabischen Länder in unglaublich rasantem Tempo verändert haben und sogar die Kamele, ohne die jahrtausendelang kein Leben in der Wüste möglich war, oft nur noch Dekoration sind, kommt uns das Leben dort irgendwie altertümlich vor. Grund dafür ist der allesbeherrschende Islam. Die Menschen in der arabischen Welt sind, bis auf Minderheiten, Muslime, also Bekenner dieser von Mohammed begründeten Religion.

Alle Bereiche des Lebens und der Gesellschaft, also Familie, Staat und Wirtschaft, sind durchsetzt vom Islam. Die Sharia, das islamische Religionsgesetz, ist die Grundlage der Gesetzgebung und Herrschaft.

Die Moscheen prägen das Bild der besiedelten Gebiete. Von den hoch in den blauen Himmel ragenden Minaretten rufen die Muezzins zum Gebet, zu dem sich der Muslim fünfmal täglich Richtung Mekka beugt, dem islamischen Zentrum.

Diese Impressionen reichen noch lange nicht, um das heutige Arabien zu verstehen. Hier bietet der Rundfunk eine Chance des Kennen- und Verstehenlernens. An erster Stelle können dabei die Sendereihen im deutschsprachigen Programm von Radio Kairo stehen, daneben die deutschsprachigen Sendungen aus Damaskus, Baghdad und Teheran. Außerdem ist eine Vielzahl anderer Sendungen zu empfangen.

In den arabischen Ländern ist der Rundfunk fast ausnahmslos eine Staatsangelegenheit. Die Sendungen bestehen überwiegend aus arabischer Musik, umfangreichen religiösen Teilen und natürlich den Nachrichten- und Informationssendungen. Jedes Land strahlt ein oder mehrere Inlandsprogramme in Arabisch und zum Teil auch verschiedene Sendungen für die arabischen Nachbarländer aus. Dazu gibt es zusätzlich auch Sendungen regelrecht als Auslandsdienst, beispielsweise in englischer oder französischer Sprache für Hörer in Europa, neben den bereits genannten deutschsprachigen Sendungen.

Die Mehrzahl der Sendungen arabischer Rundfunkanstalten ist auf Kurzwelle in Europa ohne Probleme zu empfangen. Die Mittelwelle bietet darüberhinaus interessante Empfangsmöglichkeiten gegen Abend und in der Nacht.

Eine wichtige Besonderheit muß noch erwähnt werden. Im islamischen Fastenmonat, dem Ramadan, dehnen viele Sender ihr Programm wesentlich aus und bringen religiöse Sendungen oft rund um die Uhr. Hier bietet sich eine gute Möglichkeit, Sender zu empfangen, die sonst wegen ungünstiger Sendezeit nicht hereinkommen.

Was wäre die Wellenjagd ohne die QSL-Karte? Auch von den arabischen Sendern gibt es diese begehrten Trophäen, manchmal auch Wimpel und Souvenirs. Einige Stationen antworten aber nur sehr unregelmäßig, manche alle Ewigkeiten einmal. Hier spürt man eine gewisse arabische Mentalität ...

Wer kann, mag seinen Empfangsbericht in Arabisch schreiben – sicherlich eine nette Abwechslung. Aber nötig ist das auf keinen Fall, denn englischsprachige Empfangsberichte werden überall in den arabischen Ländern verstanden. Sender in Nordafrika kann man auch in Französisch anschreiben, da dort die Franzosen lange Zeit Kolonialmacht waren.

Wer Geschmack am Spezialgebiet Arabien gefunden hat, mag sich nun an den Empfänger setzen. Hilfe gibt die nachfolgende Übersicht, in der alle arabischen Länder mit ihren Rundfunksendern vorgestellt werden. Bitte beachten Sie, daß sich die Sendezeiten und Frequenzen und natürlich auch die Empfangsmöglichkeiten ändern können. Da hilft nur ein Blick in unser Jahrbuch „Sender & Frequenzen", in dem auch alle Adressen verzeichnet sind.

Bei unserem Wellenbummel durch Arabien wollen wir zuerst die Sender auf der Arabischen Halbinsel vorstellen:

Saudi Arabien

Der Broadcasting Service of the Kingdom of Saudi Arabia, kurz BSKSA, verfügt zwar über eine ganze Reihe von zum Teil leistungsstarken Sendern, ist aber dennoch bei uns mit dem Auslandsdienst nicht sonderlich gut zu empfangen.

Im 31-Meterband auf 9705 und 9720 kHz wird der englischsprachige (1600-2100 Uhr UTC) und französischsprachige (1400-1600 Uhr UTC) Auslandsdienst ausgestrahlt. Die Sendungen bestehen aus Popmusik und traditioneller arabischer Musik. In speziellen Sendereihen versucht BSKSA, den Europäern die arabische Kultur näher zu bringen. Leider sind die Empfangsmöglichkeiten für diese Sendungen nur sehr schlecht.

Bessere Empfangsmöglichkeiten bieten die arabischen Inlandsprogramme unter dem Namen „Stimme des Heiligen Korans", z.B. vormittags auf 15495, 17895, 21505 und 21665 kHz oder nachmittags/abends auf 9870, 9885 und 21505 kHz.

Auf Mittelwelle setzt BSKSA 1200- bis 2000-Kilowatt-starke Sender ein, die am frühen Abend bzw. morgens ab 0300 Uhr UTC gehört werden können (Jeddah 1512 kHz, Duba 1521 kHz). Nach Sendeschluß von RTL Radio Luxemburg ist auch der saudi-arabische Sender in Ras-al-Zawr auf 1440 kHz zu hören.

Es wäre wünschenswert, wenn sich Saudi Arabien zu einer deutlichen Verbesserung der Empfangsmöglichkeiten für Hörer in Europa entschließen könnte. An den Sendungen würde sicherlich ein großes Interesse bestehen.

Kuwait

Was aus Kuwait wird, läßt sich zur Zeit (Ende 1990) noch nicht absehen. Erst einmal hat sich der Irak der Sendeanlagen bemächtigt und benutzt sie für eigene Sendungen.

Dank einer Reihe starker Kurzwellensender war das Scheichtum Kuwait immer recht gut bei uns zu hören. Die englischsprachigen Auslandssendungen bestanden überwiegend aus internationaler Popmusik und Nachrichten aus dem arabischen Raum. Und auch der Inlandsdienst war leicht zu empfangen.

Oman

Radio Oman strahlt keinen Auslandsdienst aus und ist mit dem Inlandsprogramm in Arabisch nicht leicht zu empfangen. Chancen bestehen vor allem nachmittags (1400-1600 Uhr UTC) auf 9735 kHz und vormittags sowie nachmittags/abends auf 17735 kHz, falls diese Frequenzen nicht durch andere Sender belegt sind. Wenn der Bayerische Rundfunk seinen Sender auf 6085 kHz abgeschaltet hat, kann Radio Oman auf dieser Frequenz eventuell ab Sendebeginn um 0200 Uhr UTC gehört werden. Um diese nachtschlafende Zeit können Mittelwellen-Spezialisten auch den Empfang auf MW 1242 kHz probieren.

Auf der Oman vorgelagerten Insel Masirah befindet sich das BBC-Eastern-Relay. Von dort werden BBC-Programme für den Nahen und Mittleren Osten und für Südostasien ausgestrahlt. Hier hilft ein Blick in den aktuellen Sendeplan der BBC (London Calling) weiter.

Beste Empfangschancen für den englischsprachigen World Service über Masirah bestehen in der Regel auf 11760 kHz (morgens/vormittags/mittags) und auf 15310 kHz (tagsüber). Empfangsberichte werden übrigens nur direkt aus London bestätigt.

ADEN BROADCASTING SERVICE

Jemen

Auch nach der Wiedervereinigung des Jemens gibt es zwei Rundfunkdienste, die sich allerdings beide unter dem Namen „Republic of Yemen Radio" melden, jeweils mit dem Zusatz „San'a" bzw. „Aden". Und nach wie vor sind die Empfangschancen für Radio San'a wesentlich besser als die für den Sender Aden.

Wenn man sich nicht gerade durch das Interferenzpfeifen der Nachbarsender stören läßt, kann man Radio San'a vom späten Nachmittag an bis zum Sendeschluß um 2110 Uhr UTC auf 9779 kHz empfangen. Ebenso ist morgens der Empfang ab 0300 Uhr UTC möglich, parallel dann übrigens auch im Tropenband auf 4853 kHz. Die Sendungen sind in Arabisch.

Die Schwesterstation aus Aden ist nur sehr unregelmäßig zu empfangen. Auf 6005 kHz war der Empfang lange Zeit am frühen Morgen möglich; jetzt wird diese Frequenz (vorübergehend?) nicht eingesetzt. Alternativ kann man es einmal auf 5970 kHz am frühen Morgen probieren oder während der Ramadanzeit auf 7190 kHz am späten Abend.

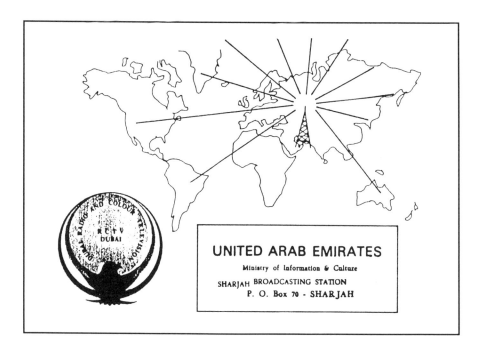

UNITED ARAB EMIRATES
Ministry of Information & Culture
SHARJAH BROADCASTING STATION
P. O. Box 70 - SHARJAH

Vereinigte Arabische Emirate

Die Emirate am Persischen Golf haben einen Teil ihrer Öl-Milliarden in moderne, leistungsstarke Sendeanlagen angelegt, um sich auf Kurzwelle international mehr Gehör zu verschaffen. Diese Investitionen haben sich gelohnt, denn besonders in der augenblicklichen Krisensituation sind die englischsprachigen Sendungen der Vereinigten Arabischen Emirate eine wertvolle Informationsquelle.

U.A.E. Radio Dubai

Die englischsprachigen Sendungen von U.A.E. Radio Dubai kommen zum Beispiel um 0530, 1030, 1330 und 1600 Uhr UTC auf 11795, 13675, 15320, 15435, 17865, 21605 und 21675 kHz.

Voice of the United Arab Emirates, Abu Dhabi

Das englischsprachige Programm aus Abu Dhabi wurde (vorübergehend?) eingestellt. Es war abends ab 2200 Uhr UTC auf 9600, 11985 und 13605 kHz zu empfangen. Nach wie vor gut zu hören sind die Arabischsendungen, z.B. nachmittags/abends auf 9780, 11965, 13605 und 17645 kHz.

Katar

Neue 250 Kilowatt starke Sender stehen in Katar, mit denen das arabischsprachige Programm des Quatar Broadcasting Service (QBS) gut in Europa zu empfangen ist. Leider wechselt QBS Doha häufig seine Sendefrequenzen. Bei Redaktionsschluß galt folgender Sendeplan:

0900-1300 Uhr UTC: 17770 / 21460 / 21525 / 21560 kHz,
1300-1800 Uhr UTC: 17770 / 21525 / 21555 / 21560 kHz,
1800-2130 Uhr UTC: 15265 / 17800 kHz.

Daneben bestehen auch Empfangsmöglichkeiten für den starken Mittelwellensender auf 954 kHz ab Sendebeginn 0245 Uhr UTC oder während des Ramadans die ganze Nacht hindurch.

Jordanien

Haben wir in der vorangegangenen Ausgabe dieses Buches noch behauptet, daß Radio Jordan zwar schlecht, aber immer noch regelmäßiger als der jordanische König zu hören ist, der als Funkamateur mit dem Rufzeichen JY1 sendet, so müssen wir dies jetzt erfreulicherweise korrigieren. Radio Jordan gehört seit der Eröffnung des neuen Sendezentrums in Khakamareh zu den wirklich gut hörbaren Rundfunksendern aus dieser Region. Besonders interessant sind natürlich für uns die englischsprachigen Sendungen, die zur Zeit von 1200 bis 1415 Uhr UTC auf 13655 kHz und von 1420 bis 1730 Uhr UTC auf 9560 kHz ausgestrahlt werden (im Sommer eine Stunde früher).

Irak

Etwas unklar sind zur Zeit die Empfangsmöglichkeiten für die Sendungen von Radio Baghdad. Noch zu Beginn der Golfkrise war Radio Baghdad mit der allabendlichen Sendung in deutscher Sprache um 2000 Uhr UTC (Sommer: 1900 Uhr UTC) recht gut zu hören. Im Herbst 1990 war dann nichts mehr auf der angestammten Frequenz 13660 bzw. 13600 kHz zu hören, lediglich die englischsprachige Sendung kam um 2100 Uhr UTC.

Eventuell konzentriert sich Radio Baghdad noch mehr auf die Versorgung des arabischen Raumes. Neben dem Inlandsdienst „Voice of the Masses" und einem weiteren Arabischprogramm sind verschiedene Propagandasendungen für Hörer in den anderen arabischen Ländern hinzugekommen, z.B. „Voice of the Egypt Arabism" und „Holy Koran Radio". Die Arabischprogramme kann man tagsüber z.b. auf 12050, 13800, 15170, 15310 und 17720 kHz empfangen. Und für Mittelwellen-DXer ist nachts der Empfang auf 1035 kHz interessant.

Libanon

Immer noch herrscht Bürgerkrieg im Libanon. Die verschiedenen Interessengruppen betreiben eigene Rundfunksender, die zumeist auf Mittelwelle senden. Es werden aber auch einige Sendungen auf Kurzwelle ausgestrahlt. Folgende Sender können auch bei uns gehört werden:

Radio Voice of Lebanon

Der Sender der christlichen Falanghisten ist bei uns ziemlich regelmäßig vom späten Nachmittag bis zum Sendeschluß um 2125 Uhr UTC auf 6550 kHz zu empfangen. Innerhalb des Programms sind auch Nachrichtensendungen in Englisch und Französisch zu hören, ansonsten ist das Programm in Arabisch.

Voice of Hope / King of Hope

Aus dem Südlibanon sendet mit israelischer und amerikanischer Unterstützung die Station „Voice of Hope" (King of Hope), ein Ableger der „High Adventures Ministries" aus den USA. Die überwiegend religiösen Programme in Arabisch, Englisch und anderen Sprachen sind abends auf 6280 kHz zu empfangen.

Radio Lebanon

Der staatliche libanesische Rundfunk strahlt zur Zeit keine Sendungen auf Kurzwelle aus. Eventuell bestehen aber Chancen zum Empfang auf Mittelwelle 837 bzw. 989 kHz, wo ein schwacher 10 kW-Sender für das arabischsprachige Programm eingesetzt wird.

Syrien

Seit einiger Zeit ist auch der Auslandsdienst von Radio Damaskus mit neuen, starken Sendern wieder gut bei uns zu hören. Das einstündige Programm in deutscher Sprache beginnt um 1805 Uhr UTC, daran anschließend kommen die Sendungen in Französisch und Englisch, jeweils auf den Frequenzen 9950, 12085 und 15095 kHz. Wer sich für die Sendungen in Arabisch interessiert, hat tagsüber auf den genannten Frequenzen guten Empfang.

Ägypten

Radio Kairo

Radio Kairo gehört zu den großen Auslandsdiensten. Gesendet wird in 30 Sprachen hauptsächlich für Afrika und den arabischen Raum. Für Hörer in Europa gibt es Sendungen in Deutsch (1900-2000 Uhr UTC), Englisch und Französisch abends auf 9900 kHz. Der Empfang ist gut, allerdings irgendwie verzerrt. Wahrscheinlich ist der Sender nicht ganz in Ordnung – und das schon seit längerer Zeit...

Wer mehr auf arabischsprachige Sendungen steht, kann Radio Kairo auf z.B. 9455 und 9850 kHz empfangen. Und Mittelwellen-DXer hören den ägyptische Rundfunk nachts nach Abschalten der Europäer auf 621, 774, 819, 864 und 1107 kHz.

Sudan

Sehr selten ist Radio Omdurman aus dem Sudan zu hören. „Beste" Empfangschancen hat man nachmittags zwischen 1400 und 1500 Uhr UTC auf der Frequenz 11632 kHz für eine Sendung in Arabisch. Die anschließende englischsprachige Sendung wird wohl kaum zu empfangen sein. Ausgesprochene Mittelwellen-DXer haben vielleicht auch Chancen, Radio Omdurman am frühen Abend auf 1296 kHz hereinzubekommen.

Libyen

Trotz der neuen Sender, die sich der libysche Staatsrundfunk dank der Erdölerlöse des Landes vor einigen Jahren anschaffen konnte, ist das Angebot von hier hörbaren Sendungen nicht so berauschend. Die dem Programmheft zu entnehmenden englischsprachigen Sendungen scheinen eingestellt worden zu sein (1800-1900 Uhr UTC: 15450 kHz, 2230-2400 Uhr UTC: 11815 kHz). Dagegen sind die arabischsprachigen Sendungen auf 15235, 15415 und etwa 15435 kHz nachmittags und abends gut zu hören. Ebenfalls recht gut kommt der Libysche Rundfunk auf den Mittelwellenfrequenzen durch, wenn man es abends ab etwa 2300 Uhr UTC z.B. auf 828, 1125 und 1251 kHz probiert.

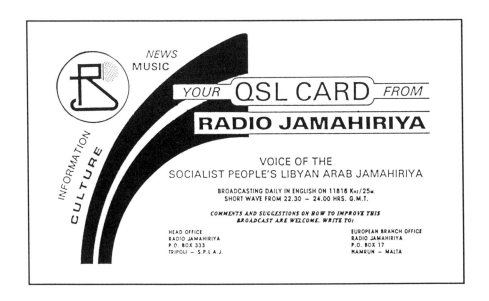

Tunesien

Trotz der vielen Touristen, die nach Tunesien in Urlaub fahren, gibt es von Radio Tunis keinen Auslandsdienst. Wer RTT Tunis trotzdem empfangen möchte, kann ohne Probleme tagsüber die Inlandsprogramme hören, die auch auf Kurzwelle 7475, 11550, 12005, 15510 und 17610 kHz ausgestrahlt werden. Das Arabischprogramm kommt abends auch auf Mittelwelle 630 und 1566 kHz herein, während das französischsprachige Programm auf 963 kHz abends wegen starker Störungen kaum gehört werden kann.

Algerien

Auf verschiedenen Frequenzen in allen Rundfunkbereichen können die überwiegend französisch- und arabischsprachigen Sendungen von RTA Algier empfangen werden. In Französisch ist der Sender tagsüber z.B. auf 9510, 9535, 9685 und 15205 kHz zu empfangen. Eine Sendung in Englisch kommt von 1900 bis 2000 Uhr UTC auf 981, 9510, 9630, 9685 und 17745 kHz. Wer's gern auf Arabisch möchte, sollte tagsüber die Frequenz 11715 oder 17745 kHz in seinen Empfänger eintippen. Gute Aussichten bestehen auch nachts auf den Langwellen 153, 198 und 252 kHz sowie auf den Mittelwellen 531, 549, 576, 891 und 981 kHz.

Marokko

In Marokko gibt es eine ganze Reihe von Sendern, die bei uns empfangen werden können:

Radiodiffusion-Television Marocaine (RTM)

RTM Rabat ist recht gut auf Kurzwelle zu hören. Von 1400 bis 2100 Uhr UTC werden die Frequenzen 11920, 17595 und 17815 kHz eingesetzt für Sendungen in Französisch und Englisch (Mo-Fr 1530-1700 Uhr, Sa 1700-1800 Uhr UTC, So 1900-2000 Uhr UTC). In Arabisch ist RTM tagsüber auf 15335 und 17815 kHz

zu hören, abends auf 15105, 15330 und 15335 kHz. Und Mittelwellen-DXer können marokkanische Inlandsdienste am späteren Abend z. B. auf 207, 504, 702, 711, 828, 936, 1044 und 1053 kHz hereinbekommen.

Radio Mediterranée Internationale

Das kommerzielle Radioprogramm von RMI ("Medi 1") in Französisch und Arabisch ist tagsüber auf 9575 kHz zu hören. Abends kommt RMI auch auf Langwelle 171 kHz herein.

Voice of America (VoA) – Relaisstation Tanger

Die Voice of America (VoA) unterhält bei Tanger eine große Relais-Sendestelle für Sendungen nach Europa, Afrika und Nahost. Dieses VoA-Relais kann bei uns auf vielen Frequenzen empfangen werden, obwohl die Sendeleistungen nicht besonders hoch sind. Englischsprachige Sendungen kommen z.b. von 0600 bis 0700 Uhr UTC auf 6095 kHz sowie von 1700 bis 2200 Uhr UTC auf 15205 kHz.

Tropenband-DX

Jeder von uns, der sich mit dem Rundfunk-Fernempfang als Hobby befaßt, wird sich oft auch als Globetrotter vorkommen, der mit Hilfe der Funkwellen in alle Winkel unserer Welt vordringt. Unsere Vorstellung von Exotik ist verbunden mit den Ländern längs des Äquators, den tropischen Regionen.

Tropen – genau, das ist der Gürtel zwischen dem südlichen Wendekreis des Krebses und dem nördlichen Wendekreis des Steinbocks, beidseitig des Äquators – einmal rund um die Erdkugel.

Schauen Sie doch einmal, zur besseren Vorstellung, in Ihren Atlas. Dort finden Sie in Afrika als Tropenländer beispielsweise Senegal, Guinea, Ghana, Kamerun, Tschad, Zaire, Kenia, Mozambique und Namibia. In Asien gehören Indien, Nepal, Thailand, Malaysia, Indonesien und fast der gesamte Pazifik-Raum/Ozeanien dazu. Und dann Mittelamerika, die Karibischen Inseln, Kolumbien, Venezuela, Ekaudor, Peru, Bolivien und Brasilien. Die genannten Staaten dienen lediglich als Beispiele – die Liste ist nicht vollständig. Doch Sie werden jetzt sicherlich auf den Geschmack gekommen sein und wollen auch diese Länder im Radio empfangen. Gehen Sie auf Tropenband-Empfang!

Doch halt, so einfach ist das nun auch wieder nicht. Um als KW-Hörer beim Tropenband-Empfang Erfolg zu haben, braucht man schon einige Kenntnisse, und natürlich Erfahrung – aber die kommt mit der Zeit. In diesem Artikel wird versucht, Ihnen alle notwendigen Informationen und Erläuterungen zu vermitteln.

Welche rundfunktechnischen Gemeinsamkeiten haben nun die Tropenländer? Während beispielsweise in Europa die regionale Rundfunkversorgung auf Mittelwelle und Ultrakurzwelle (UKW) durchgeführt wird, ist dies in den Tropen nicht möglich. Der Mittelwellenempfang wird dort durch elektrische Entladung (z.B. Gewitter) sehr stark beeinträchtigt. Mit UKW-Sendern kann nur eine geringe Reichweite erzielt werden, doch sollen dünnbesiedelte, aber großflächige Gebiete mit Rundfunk versorgt werden. Kurzwelle ist ebenfalls nicht möglich, weil die „tote Zone" zwischen dem Sender und dem nächstmöglichen Empfangsort sehr groß sein kann.

Als geeigneter Frequenzbereich für die Rundfunkversorgung in den Tropen haben sich daher die Frequenzen zwischen dem Ende des Mittelwellenbereiches und dem Anfang des Kurzwellenbereiches herausgestellt. Die auf internationalen Konferenzen zugewiesenen Rundfunkbänder in diesem Bereich nennen wir Tropenbänder.

Frequenzbereiche der Tropenbänder (Rundfunk)

120-Meter-Band: 2300 bis 2500 kHz
90-Meter-Band: 3200 bis 3400 kHz
75-Meter-Band: 3950 bis 4000 kHz
60-Meter-Band: 4750 bis 5060 kHz

In den Tropen sind diese Frequenzbereiche den Rundfunksendern vorbehalten. Eine Ausnahme ist das 75-m-Band, hier dürfen z.b. auch europäische Stationen senden. Teilweise werden die Tropenbänder auch von anderen Funkdiensten benutzt – außerhalb der Tropen sowieso. Beim 60-m-Band ist die Frequenz 5000 kHz ausgespart für Zeitzeichen- und Normalfrequenzsender.

Die nachfolgenden Ausführungen über die Ausbreitung der Tropenbandwellen mögen sich zwar auf Anhieb recht wissenschaftlich anhören, aber die wichtigen Zusammenhänge sind eigentlich leicht zu verstehen. Deren Kenntnis und Anwendung ist ausschlaggebend für einen auf die Dauer erfolgreichen Tropenband-Empfang.

Die elektromagnetischen Funkwellen im Frequenzbereich von 3 bis 5 MHz können tagsüber bis in einer Entfernung von 500 bis 700 km vom Sender gut empfangen werden. Die tote Zone rund um den Sender hat dabei nur eine kleine Ausdehnung. Während der Dunkelheit vergrößert sich die Reichweite auf etwa 1300 bis 1700 km.

Ähnlich wie die Kurzwellen können auch die Tropenwellen an der Ionosphäre reflektiert werden. Bekanntlich hängen die Reflexionseigenschaften der Ionosphäre von verschiedenen Faktoren ab (wie Jahreszeit, Tageszeit, Sonne, Sonnenflekkenaktivität). Bei günstigen Bedingungen können also auch die Rundfunkwellen aus dem Tropenband die ganze Erde in Reflexionssprüngen umkreisen.

Von großer Bedeutung für die Reflexion der Funkwellen sind die Verhältnisse, die über den sogenannten Reflexionspunkten in der Ionosphäre herrschen. Die Funkwellen eilen in Sprüngen zwischen der Ionosphäre und der Erdoberfläche voran. Als Reflexionspunkte bezeichnet man die Auftreffstellen.

Zwei beliebige Punkte auf der Erdkugel lassen sich durch eine Linie, den Großkreis, direkt miteinander verbinden. Dabei gibt es einen kurzen und einen langen Weg. Mit einem Globus läßt sich das anschaulich zeigen. Bei Karten ist wegen der verschiedenen Projektionen zu beachten, daß die Großkreislinie nicht immer der direkten Verbindung auf der Karte entspricht.

Der Abstand der Reflexionspunkte hängt natürlich vom Abstrahlwinkel der Sendeantenne ab. Je steiler dieser Winkel ist, um so geringer ist der Abstand. In der Regel kann man von Abständen zwischen 2000 und 5000 km ausgehen.

Die Reflexion über Wasserflächen ist besser (d.h. verlustloser) als über Land, daher kommen Sender aus Südamerika besser und verläßlicher herein als z.b. Sender aus Südasien.

Bei Tageslicht bestehen in der Ionosphäre die D- und E-Schicht, welche Funkwellen des Tropenbandes stark dämpfen. Da bei einer Reflexion eine Funkwelle zweimal durch diese Schichten muß, bleibt tagsüber kein brauchbares Signal übrig.

Nach Sonnenuntergang im Bereich des Reflexionspunktes ist die D-Schicht nicht mehr und die E-Schicht kaum mehr vorhanden. Jetzt werden Tropenband-Funkwellen nur noch wenig gedämpft und können gut an der E-Schicht reflektiert werden und so große Entfernungen überspringen.

Als Grundregel für den Tropenbandempfang kann man daher ableiten, daß zwischen dem Sendeort und dem Empfangsort Dämmerung oder Dunkelheit herrschen muß. Wenn zwischen beiden Orten gerade die Grenze zwischen Tag und Nacht verläuft, wird der Empfang besonders gut. Anfang und Ende des möglichen Empfangszeitraums nennt man auch fade-in und fade-out.

Diese Dämmerungsregel gilt nicht nur für einzelne Sender, deren Signalstärke ausgeprägt stark wird, wenn der Übertragungsweg gerade in die Dämmerungszone kommt, sondern gilt allgemein für die jeweiligen Kontinente bzw. Erdregionen.

In Abhängigkeit von der Jahreszeit kann man folgende Regeln feststellen:

Im Frühjahr und im Herbst steht die Sonne über dem Äquator, die Dämmerungszone verläuft in südlicher Richtung. In diesen beiden Jahreszeiten ist daher der Afrika-Empfang besonders gut.

Im Sommer steht die Sonne über der nördlichen Halbkugel, die Dämmerungszone läuft in südwestlicher Richtung. Der Lateinamerikaempfang ist gut.

Im Winter steht die Sonne über der südlichen Halbkugel, die Dämmerungszone läuft in südöstlicher Richtung und der Asien- und Australien-Empfang ist gut.

Die Ionosphäre wird während der Dämmerung umgebildet, d.h. ganze Schichten verschwinden, bauen sich auf oder sind plötzlich in anderen Höhen anzutreffen. Die Wellen eines Senders können zwischen den einzelnen Schichten bei geringer Dämpfung hin und her reflektiert werden. Wellen aus unterschiedlichen Richtungen kommen in der Dämmerungszone zusammen. Dann kann die Signalstärke ansteigen.

Doch kommen wir nun zur Praxis. Welche Anforderungen stellt das Tropenband-DX an den KW-Hörer und an die Empfangsanlage?

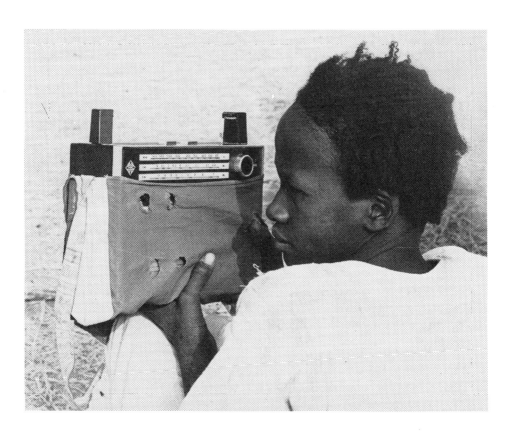

Buschfunk

Dieser afrikanische Hirte kann weder lesen noch schreiben. Für ihn ist sein Radiogerät, das er ständig mit sich trägt, der einzige Anschluß an die Welt. Für unzählige Menschen in entlegenen Gegenden der Entwicklungsländer gilt das gleiche. Ob im Busch oder im Regenwald, im Reisfeld oder im Gebirge: Die Isolation wird geringer. Der Landfunk weckt Hoffnungen. Da und dort wird schon heute fast jeder Landbewohner erreicht. Oft muß man sich jedoch noch behelfen. Eine indische Organisation tut dies mit dem »Landradioforum«. Mehrmals in der Woche

hören Gruppen von Bauern im gesamten Sendebereich ein Beratungsprogramm und tragen die Informationen weiter. Ähnliches geschieht im Norden und Nordosten Argentiniens. Die Organisation INCUPO, Partner von »Brot für die Welt«, unterstützt die Fortbildung von Kleinbauern und Landarbeitern. Auch hier bedient man sich des Rundfunks, da in jedem Dorf zumindest ein Transistorempfänger steht. Rund 450.000 Menschen hören regelmäßig die von INCUPO ausgestrahlten Programme. Die Themen reichen von Landwirtschaft und Viehzucht bis zu

Ratschlägen zur Hygiene, von der Ernährung bis zur Familienplanung. Zu einzelnen Lektionen wird gedrucktes Aufklärungsmaterial herausgegeben.

Brot
für die Welt
Hilfe zum Leben

Spendenkonto 500 500-500
Landesgirokasse Stuttgart
und Postscheckamt Köln

Tropenband-DXer sind oft langjährige KW-Hörer und Wellenjäger, denn für den Anfänger lohnt es nicht, mit diesem Spezialgebiet zu beginnen. Noch wichtiger als ein guter Empfänger samt Antenne ist eine ordentliche Portion Geduld und Ausdauer. An die Tropenband-Geräuschkulisse muß man sich erst gewöhnen, denn die Störungen, insbesondere durch andere Funkdienste, sind erheblich intensiver als auf den KW-Bändern.

Apropos Störungen durch andere Funkdienste: Frühmorgens und auch generell am Wochenende sind kommerzielle und militärische Funkdienste weniger aktiv. So mancher interessante Rundfunksender, der sonst vor lauter Störungen nicht durchkommt, kann zu diesen betriebsarmen Zeiten eventuell gehört werden.

Dann noch ein Tip für Einsteiger: Beginnen Sie mit Ihren Empfangsversuchen im 60-Meter-Band. Der Empfang im 75-, 90- und 120 Meter-Band ist ungleich schwieriger.

Mit der Zeit hat man das rechte Tropenband-Ohr und erkennt aus dem Krach noch die Sprache. Und die Erfahrung bringt es dann mit sich, fremde Sprachen aufgrund des Programms in ihre Herkunft einzuordnen, was natürlich eine Identifikation erleichtert.

Bitte wundern Sie sich nicht, wenn in den einschlägigen DX-Zeitschriften für Tropenband-Empfangsmeldungen sagenhaft gute SINPO-Werte angegeben werden – derjenige hat sich einfach an die Verhältnisse gewöhnt. Übrigens empfiehlt sich ein Kopfhörer, der Tropenband-Lärm bringt nämlich normale Mitmenschen ziemlich schnell auf die (Tropen-)Palme!

Nun zum Empfänger. Ein Mittelklasse Weltempfänger reicht oft schon aus, um einen ersten Einstieg ins Tropenband-DXen zu finden. Wichtig ist vor allem eine digitale Frequenzanzeige. Die oft schwachen Lokalsender stellen gewisse Ansprüche an die Empfindlichkeit und wegen der vielen Störungen durch andere Funkdienste ist eine gute Trennschärfe nicht zu verachten. Die nachfolgend genannten Sender kann man zum Beispiel schon mit dem kleinen SONY ICF-SW7600 unter Benutzung der eingebauten Teleskopantenne empfangen. Besser ist natürlich ein ICF-2001D, YAESU FRG-8800, JRC NRD-525G oder ein ähnlich gutes Gerät.

Als Antenne eignet sich besonders eine nicht zu kurze Langdrahtantenne im Freien oder auch auf dem Dachboden, obwohl es auch schon mit einer Teleskopantenne zu relativ guten Empfangsergebnissen kommen kann. Aber auch eine Aktivantenne eignet sich zum Tropenbandempfang, z.B. die ara-30 von Dressler.

Echte Spezialisten errichten spezielle Dipolantennen, die für ein bestimmtes Band, z.B. 60 m, und für eine bestimmte Empfangsrichtung konzipiert werden.

Als ständig bereitliegendes Nachschlagewerk ist die jeweils neueste Ausgabe des Jahrbuches „Sender & Frequenzen" von großem Nutzen. Sehr empfehlenswert ist das „Tropenband-Handbuch" von Klaus Bergmann (siehe Leserservice).

Wer die ersten Sender im Tropenband gehört hat, möchte natürlich auch eine QSL-Karte oder einen Bestätigungsbrief bekommen. Eine große Bitte: Schreiben Sie nur einen Empfangsbericht, wenn Sie sich wirklich sicher sind, den gehörten Sender eindeutig identifiziert zu haben. Der Blick in eine Frequenzliste genügt nicht, sondern ist nur eine Hilfe! Durch erlogene Berichte wurde schon so mancher Station die Lust genommen, überhaupt noch QSL-Karten zu verschicken oder Briefe zu beantworten.

Für den Sender hat Ihr Bericht absolut keine Bedeutung. Der Chef der Station, Sprecher oder Techniker wird Berichte irgendwelcher Funkspezialisten aus Übersee nur aus reiner Freundlichkeit beantworten – das sollten Sie bedenken.

Ein Empfangsbericht an eine Tropenbandstation wird nach völlig anderen Regeln und Kriterien verfaßt als ein Bericht an eine der großen, internationalen KW-Sender. Eine ausführliche Anleitung dazu finden Sie im Jahrbuch „Sender & Frequenzen" im Kapitel über Empfangsberichte an Lokalsender, das Sie unbedingt beachten sollten. Im Jahrbuch sind auch alle Adressen verzeichnet.

Für Einsteiger: Tropenband-Empfangstips

Diese Einführung in das Tropenband-DX soll abgeschlossen werden mit einer Reihe gut reproduzierbarer Empfangstips, die dem Neuling einen ersten erfolgreichen Einstieg in dieses reizvolle Spezialgebiet leicht machen. Viel Spaß bei dieser Reise um den Globus.

Die ersten Tropenband-Empfangschancen bestehen am Nachmittag. Dann ist es nämlich in Asien schon dunkel und man kann zum Beispiel einige Sender aus Indonesien und Singapur empfangen. Allerdings ist der Asien-Empfang das schwierigste Tropenband-Gebiet. Aber versuchen Sie doch einmal, folgende Sender zu hören:

Der indonesische Inlandsdienst Radio Republik **Indonesia** (RRI) kann mit dem Sender Ujung Pandang auf 4719 kHz in der Zeit von etwa 1430 bis 1600 Uhr UTC empfangen werden. Beste Chancen hat man dazu in den Monaten Oktober bis Dezember.

Aus **Singapur** kann man vor allem im Herbst/Winter recht gut das BBC-Far-East-Relay hören. Immerhin setzt die BBC dort einen 100-Kilowatt-Sender auf 3915 kHz ein. Zwischen 1500 und 1745 Uhr UTC bestehen gute Chancen zum Empfang des englischen BBC World Service. Aber auch die Singapore Broadcasting

Corporation (SBC) ist nachmittags von etwa 1500 Uhr bis zum Sendeschluß um 1605 Uhr UTC auf 5010 bzw. 5052 kHz (in Englisch) regelmäßig zu empfangen. Beste Jahreszeit ist auch hier der Herbst/Winter.

Am späten Nachmittag öffnet sich das Tropenband für Sender aus Afrika, die man teilweise bis zum späten Abend hören kann.

Einer der stärksten afrikanischen Tropenband-Sender steht im **Tschad**. Radiodiffusion Nationale Tchadienne (RNT) N'djamena sendet auf der Frequenz 4904 kHz in verschiedenen afrikanischen Dialekten sowie in Arabisch und Französisch. Teilweise kann der Sender schon ab 1600 Uhr gehört werden. Von etwa 1830 bis zum Sendeschluß um 2200 Uhr UTC kommt RNT N'djamena regelmäßig in mittlerer Qualität herein. Nachrichten in Französisch sind um 1900 Uhr UTC zu hören.

Um 1800 Uhr UTC gelingt Ihnen vielleicht der Empfang der englischsprachigen Nachrichten aus Lusaka/**Sambia** auf 4910 kHz.

Wenn das nicht klappt, versuchen Sie Ihr Glück doch einmal mit **Kenia**. Die Voice of Kenya kommt ab 1800 Uhr UTC meistens relativ gut herein. Der englischsprachige General Service wird auf 4934 kHz ausgestrahlt.

Neuerdings ist der **Kongo** wieder im Tropenband zu hören. La Voix de la Révolution Congolaise ist ab etwa 1900 Uhr UTC auf 4765 kHz zu empfangen. Das Programm ist überwiegend in Französisch.

Ab etwa 2000 Uhr UTC kommt regelmäßig RTV Bamako aus **Mali** herein. Die Sendungen sind teilweise in Französisch und werden auf 4835 und 4783 kHz ausgestrahlt.

Weitere afrikanische Sender finden Sie im nächsten Kapitel.

Am späten Abend und in der Nacht bis zum frühen Morgen bestehen dann vielfältige und interessante Möglichkeiten zum Empfang von Sendern aus **Mittelamerika** und vor allem **Südamerika**.

Aus **Costa Rica** kommt in der zweiten Nachthälfte vielleicht Radio Impacto auf 5044 kHz herein. Oder Sie hören die religiösen Sendungen von HRVC La Voz Evangelica aus **Honduras** auf 4820 kHz. Die Sendungen sind jeweils in Spanisch.

Einer der am leichtesten zu empfangenden südamerikanischen Sender ist Radio Ecos del Torbes aus San Cristobal/**Venezuela** auf 4980 kHz. Beste Empfangszeit ist von 0200 bis 0400 Uhr UTC. Das Programm besteht aus südamerikanischer Musik, Werbespots und Nachrichten in Spanisch.

Aus **Kolumbien** kommt am besten Radio CARACOL Bogotá (ehemals Radio Sutatenza) auf 5075 kHz herein. Beste Empfangszeit ist von 0200 Uhr UTC an bis zum Morgengrauen.

Blick in ein typisch südamerikanisches Radio-Studio. *(Foto: Frank Helmbold)*

Radio HCJB aus **Ekuador** haben Sie sicherlich schon auf Kurzwelle gehört. Man kann aber auch einige ekuadorianische Lokalstationen im Tropenband empfangen, am besten zwischen 0300 und 0400 Uhr UTC. Versuchen Sie es doch einmal mit Radio Nacional Espejo auf 4682 kHz oder Radio Catolica Nacional auf 5030 kHz. Beide senden aus der Hauptstadt Quito Programme in spanischer Sprache.

Viele Sender sind aus dem portugiesischsprachigen **Brasilien** zum Teil schon ab 2200 Uhr UTC bis hin zum frühen Morgen hier bei uns zu empfangen. Am stärksten kommt der 250-Kilowatt-Sender von Radio Nacional Manaus auf 4845 kHz herein. Ebenfalls relativ gut sind folgende Sender zu hören: Radio Nacional Cruzeiro do Sul/Santarem (4765 kHz), Radio Difusora do Amazonas/Manaus (4805 kHz), Radio Clube do Para/Belem (4885 kHz), Radio Anhanguera/Araguaia (4905 kHz) und Radio Cultura do Para/Belem (5045 kHz).

Wenn Sie dabei auf den Geschmack gekommen sind, sollten Sie das Kapitel über Lateinamerika-DX beachten, in dem viele Sender aus Mittel- und Südamerika vorgestellt werden.

Rundfunk aus Afrika

Sender aus Afrika zu empfangen ist gar nicht so einfach, wenn man von den nordafrikanischen Stationen absieht. Es geht hier also um die Sender in Schwarzafrika. Diese oft schwachen Rundfunksender der Afrikaner haben im europäischen Powerplay der Kilowatt-Giganten nicht viel Chancen, empfangen zu werden.

Nur eine kleine Zahl von afrikanischen Ländern betreibt überhaupt einen Auslandsdienst auf Kurzwelle. Nach der Einstellung der einzigen deutschsprachigen Sendungen (Radio Südafrika) muß man schon Englisch oder besser Französisch verstehen, um tatsächlich Programme aus Afrika hören zu können. Und auch das ist gewöhnungsbedürftig, denn selbst für einen Franzosen ist es oft schwierig, das „afrikanische" Französisch zu verstehen.

Für den Einstieg ist es natürlich erst einmal empfehlenswert, die Relaisstationen der internationalen Rundfunkriesen zu hören, zum Beispiel Radio Nederland (Relaisstation Madagaskar), Deutsche Welle (Relaisstation Kigali/Ruanda), Voice of America (Relaisstation Monrovia/Liberia), BBC (Relaisstation Ascension/ Atlantik, Seychellen/Indischer Ozean und schwieriger: Lesotho).

Auch die Sender der verschiedenen Missionsgesellschaften lassen sich regelmäßig und relativ gut auf den Kurzwellenbändern empfangen.

Bessere und vielfältigere Empfangsmöglichkeiten für afrikanische Rundfunksender bieten die Tropenbänder, und hier vor allem das 60-Meter-Band. Es handelt sich aber dann hauptsächlich um Regionalsender für die inländische Rundfunkversorgung, was aber sicherlich auch einen besonderen Reiz haben kann.

Die vorangegangene Einführung in den Tropenbandempfang gab allgemeine Informationen, Grundlagen und Hinweise zur Empfangspraxis. In diesem Artikel sollen nun konkret Länder, Sender, Frequenzen und Empfangszeiten genannt werden. Zusätzlich wird natürlich auch auf Empfangsmöglichkeiten im Kurzwellenbereich hingewiesen.

Zahlreiche internationale Rundfunkanstalten betreiben in Afrika sogenannte Relais-stationen. Hier einige Empfangstips dazu:

Voice of America (VoA)

Relaisstation Monrovia/Liberia
Von Monrovia aus versorgt die VoA Afrika und den Nahen Osten mit ihren Programmen. Englischsprachige Sendungen sind von dort auch bei uns zu hören, z.b. auf den Frequenzen 15600 kHz (1600-2200 Uhr), 17870 kHz (1600-2200 Uhr) und 21485 kHz (1800-2200 Uhr). Empfangsbestätigung via VoA Washington.

Relaisstation Tanger/Marokko
Von Tanger aus werden Rundfunksendungen nach Europa, Afrika und Nahost ausgestrahlt. Englischsprachige Sendungen sind bei uns gut zu hören z.b. auf 6095 kHz (0600-0700 Uhr) und 15205 kHz (1700-2200 Uhr).

Radio Nederland

Relaisstation Talata/Madagaskar
Radio Nederland benutzt die beiden Relaissender auf Madagaskar für seine Sendungen Richtung Afrika und Fernost. Der Empfang dieser Sendungen ist auch bei uns gut möglich, z.b. tagsüber auf 17575 kHz in verschiedenen Sprachen (u.a. Englisch, Holländisch) oder 21485 kHz und 15560/15570 kHz (nachmittags). Empfangsbestätigung via Hilversum.

Relaisstation Moyabi/Gabun

Die Sendeanlagen im Sendezentrum von Moyabi/Gabun werden von verschiedenen Rundfunkanstalten benutzt, z.b. von Radio France International (RFI), Radio Japan und Schweizer Radio International (SRI). So kommen die deutschsprachigen Sendungen von Radio Japan auf der einen Frequenz direkt aus Japan und auf der anderen Frequenz über das Relais Gabun. Und Radio Africa No. 1 ist natürlich auch gut zu hören (siehe Gabun).

Deutsche Welle (DW)

Relaisstation Kigali/Ruanda
Auch die Deutsche Welle bedient sich verschiedener Relaisstationen, um rund um die Erde gut hörbar zu sein. So wird die Station Kigali für die Versorgung Afrikas und Amerikas eingesetzt. Bei uns sind deutschsprachige Sendungen von dort abends und nachts auf 15270 und 17860 kHz zu hören. Empfangsbestätigung via Köln.

BBC

Relaisstation Ascencion
Das „Atlantic Relay" der BBC befindet sich auf der kleinen Insel Ascencion, etwa auf halbem Weg zwischen Afrika und Südamerika und dient zur Versorgung dieser beiden Zielgebiete. Aber auch bei uns kann BBC Ascencion gut empfangen werden. Englischsprachige Sendungen kommen zum Beispiel auf 11750 kHz (2200-0330 Uhr), 15260 kHz (2000-0330 Uhr), 15400 kHz (0500-1130 und 1500-2300 Uhr), 17790 kHz (0700-1515 Uhr), 21660 kHz (0600-2115 Uhr). Empfangsbestätigung via London.

Relaisstation Seychellen
Auf der anderen Seite Afrikas, im Indischen Ozean, hat die BBC eine weitere Relaisstation auf der Inselgruppe der Seychellen. Von dort werden Programme für Ostafrika ausgestrahlt. Englischsprachige Sendungen sind bei uns tagsüber auf 15420 und 17885 kHz zu hören. Empfangsbestätigung via London.

Relaisstation Lesotho
Diese kleine Relaisstation der BBC strahlt ihre Sendungen Richtung Südafrika aus. Ein Empfang ist bei uns kaum möglich. Am frühen Abend kann man es einmal auf 3255 kHz probieren, aber die Chancen sind gering. Empfangsbestätigung via London.

Die starken afrikanischen Sender sind im Tropenband das ganze Jahr über zu hören, obwohl die Empfangsbedingungen im Sommerhalbjahr in der Regel am besten sind.

Für den Afrikaempfang im Tropenband gibt es zwei geeignete Tageszeiten. Der erste mögliche Empfangszeitraum reicht von etwa 1600 Uhr nachmittags bis 2400 Uhr nachts. Kurz vor Beginn der Abenddämmerung kommen bereits die ersten ostafrikanischen Sender herein. Von Ost nach West verschiebt sich dann die mögliche Empfangszone. Den ganzen Abend sind dann alle afrikanischen Sender von den Ausbreitungsbedingungen her hörbar. Die meisten Sender beenden ihr Programm zwischen 2200 und 2400 Uhr und senden erst wieder am nächsten Morgen, wobei auch der Sendebeginn variiert zwischen etwa 0300 und 0500 Uhr.

Für Nachtmenschen und Frühaufsteher lohnt es sich, ab etwa 0300 Uhr wieder empfangsbereit zu sein. Die meisten afrikanischen Sender beginnen morgens zu einer Zeit, zu der auf Grund der Ausbreitungsbedingungen noch ein Empfang in Europa möglich ist, dann aber rasch unmöglich wird. In dieser Zeit des „fade-out" ergeben sich ganz interessante Empfangschancen, weil zu dieser frühen Stunde die kommerziellen Funkdienste noch nicht arbeiten und weil störende sowjetische Stationen nicht mehr durchkommen.

Im 90-Meter-Band ist der Empfang wesentlich schwieriger – da braucht man schon spitze Ohren, eine gute Empfangsanlage und starke Nerven, um in diesem Frequenzbereich erfolgreich zu sein.

Die afrikanischen Rundfunksender sind in vielen verschiedenen Sprachen zu hören. Einerseits gibt es Programme in den Sprachen der früheren Kolonialherren, also in den Weltsprachen Französisch, Spanisch, Portugiesisch und Englisch. Diese Sprachen werden auch für die Auslandssendungen eingesetzt. Dann gibt es natürlich in Afrika zahllose Sprachen und Dialekte der Einheimischen. Rundfunk wird daher auch in vielen wichtigen Landessprachen gemacht, die wir allerdings kaum verstehen.

Die Sendungen aus Afrika enthalten viel einheimische, traditionelle Musik. Sollten der Empfang und die eigenen Sprachkenntnisse ein wirkliches Verstehen der Sendungen zulassen, bietet sich für den Kurzwellenhörer die einzigartige Möglichkeit, Afrika in vielen seiner kulturellen und politischen Unterschiede kennenzulernen.

Und da Revolutionen in Afrika gar nicht so selten sind, hat vielleicht der eine oder andere DXer das mehr oder weniger große Vergnügen, die ersten Umsturzmeldungen direkt vom Lokalsender aus oft revolutionärem Munde mitzubekommen. Die Kurzberichte unserer Medien sind dann später nur noch kalter Kaffee für den Wellenjäger.

Alle Angaben und Empfangshinweise, speziell Sendezeiten und Frequenzen, sowie die Empfangsmöglichkeiten überhaupt können sich natürlich jederzeit ändern. Es sei daher dem Afrika-DXer empfohlen, sich in den verschiedenen DX-Clubzeitschriften nach Empfangstips (Logmeldungen) umzusehen, um aktuelle Empfangsmöglichkeiten mitzubekommen. Selbstverständlich finden sich im Jahrbuch „Sender & Frequenzen" ausführliche Informationen über die Sender aus Afrika und deren Empfangsmöglichkeiten. Auch alle Adressen sind dort verzeichnet.

Nachfolgend werden alle hörbaren afrikanischen Rundfunksender, alphabetisch nach Ländern geordnet, vorgestellt. Berücksichtigt werden hier aber hauptsächlich die schwarzafrikanischen Länder. Rundfunksender aus Nordafrika finden Sie in diesem Buch im Kapitel über „Arabien auf Kurzwelle".

Äquatorial-Guinea

Radio Nacional de Guinea Ecuatorial setzt gelegentlich auf den Tropenbandfrequenzen 4926 bzw. 5004 kHz einen 100 Kilowatt starken Sender ein und ist dann abends gegen 2130 Uhr und im Winter auch morgens nach Sendebeginn um 0430 Uhr zu empfangen. Der Sender Malabo ist bei guten Ausbreitungsbedingungen abends auf 6250 kHz zu empfangen. Sendesprache ist jeweils Spanisch.

Äthiopien

Kurzfristig war der Empfang der neueingeführten englischsprachigen Europasendungen (ab 1800 Uhr auf 9662 kHz) der Voice of Ethiopia ganz passabel. Jetzt bestehen aber wieder wie früher keine besonders guten Empfangsaussichten. Um 1900 Uhr kommt eine englischsprachige Sendung der südafrikanischen Befreiungsbewegung ANC (Radio Freedom), die bei guten Bedingungen auf 9595 kHz zu hören ist.

Angola

Der Auslandsdienst von Radio Nacional de Angola sendet für uns Hörer in Europa in die falsche Richtung, nämlich nach Süden. Radio Nacional aus Luanda sendet jetzt ziemlich stabil auf 4950 kHz und kann am späten Abend empfangen werden. Alternativ wurde auch schon die Frequenz 5499 kHz eingesetzt. Das Programm ist in portugiesischer Sprache.

Benin

Relativ zuverlässige Empfangsmöglichkeiten bestehen auf 4870 kHz für Radio ORTB Cotonou aus Benin am Abend ab etwa 1900 Uhr bis zum Sendeschluß um 2300 Uhr und dann wieder morgens ab etwa 0500 Uhr. Gegen 2015 Uhr ist gelegentlich eine englischsprachige Sendung zu hören, sonst ist das Programm in Französisch und Lokalsprachen.

Botswana

Regelmäßig kann Radio Botswana von etwa 1800 bis 2000 Uhr auf 4830 kHz und seltener auf 3356 kHz empfangen werden – vor allem im Sommer. Die Sendungen sind teilweise in Englisch, englischsprachige Nachrichten kommen um 1910 Uhr.

Burkina Faso

Leider wird der Empfang von Radio RTV Burkina Faso (ehemals Ober-Volta) auf 4815 kHz häufig durch Radio Peking und Störsender auf der gleichen Frequenz beeinträchtigt. Bei guten Bedingungen bestehen Empfangsmöglichkeiten zwischen etwa 2100 und 2400 Uhr sowie an Wintermorgenden auch ab 0530 Uhr. Teilweise sind die Sendungen in französischer Sprache.

Burundi

Nur selten und unter vielen Störungen ist La Voix de la Revolution aus Bujumbura hier auf 3300 kHz zu empfangen. Die relativ besten Chancen hat man zwischen 1700 und 1900 Uhr – vor allem im Sommer. Nachrichten in Englisch kommen angeblich um 1800 Uhr, ansonsten ist das Programm in Französisch und Lokalsprachen.

Dschibuti

Bei guten Bedingungen ist Radio Djibouti auf 4780 kHz zu hören, obwohl das wirklich nicht einfach ist. Beste Chancen hat man am frühen Abend und morgens ab 0300 Uhr. Vielleicht wird sich die Empfangssituation deutlich verbessern, wenn die neue Sendeanlage von Radio France Internationale in Betrieb geht.

Elfenbeinküste

Radiodiffusion-TV Ivoirienne aus Abidjan kann auf der Kurzwellenfrequenz 11920 kHz abends ab etwa 1900 Uhr empfangen werden, wenn der neue 500 kW-starke Sender wirklich in Betrieb ist. Die Sendungen sind teilweise in Französisch und Englisch. Eventuell werden zukünftig auch Sendungen von Radio Africa No. 1 über diesen Sender in Abidjan ausgestrahlt.

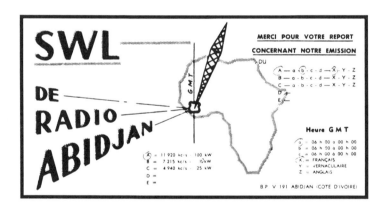

Gabun

Für das französischsprachige Afrika strahlt das kommerzielle Radio Africa No. 1 recht hörenswerte Programme aus. Die starke Tropenbandfrequenz wurde aufgegeben. Jetzt kommen die Sendungen auf den Kurzwellen 9580, 15475 und 17630 kHz, wobei der beste Empfang hier in Europa abends auf 15475 kHz ist. Englischsprachige Nachrichten kommen um 1855 Uhr, ansonsten ist das Programm in Französisch.

Viel schwieriger ist der Empfang des staatlichen Rundfunks Radio Libreville auf 4777 kHz. Chancen bestehen, wenn überhaupt, abends zwischen 2200 und 2300 Uhr und im Winter auch morgens ab 0500 Uhr.

Ghana

Ab etwa 2100 bis 2300 Uhr kann Radio Ghana schwach und unter Störungen auf 4915 kHz empfangen werden – zuvor ist die Frequenz von der Voice of Kenya belegt. Die Sendungen sind teilweise in Englisch. Bei guten Bedingungen lohnt sich eventuell auch abends (vor dem Sendeschluß um 2305 Uhr) ein Empfangsversuch auf 3366 kHz. Der Auslandsdienst für Westafrika ist bei uns nicht zu hören.

Guinea

Radio Nationale aus Conacry kann neuerdings wieder häufiger auf 4900 kHz in der Zeit von etwa 2000 bis 2400 Uhr empfangen werden. Gesendet wird in Französisch und Landessprachen.

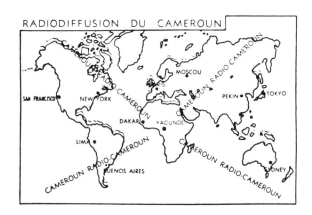

Kamerun

Aus Kamerun kann man gleich mehrere Rundfunksender empfangen, häufig sogar relativ gut. Gesendet wird in Französisch und Lokalsprachen. Um 0530, 1800 und 2100 Uhr kommen über alle Sender Nachrichten in Englisch. Hier einige Frequenzen:

4000 kHz: Radio Bafoussam (zwischen 2000 und 2300 Uhr regelmäßig zu hören),

4795 kHz:	Radio Douala (zwischen 1800 und 2300 Uhr sowie morgens ab 0430 Uhr),
4850 kHz:	Cameroon Radio & TV, Yaoundé (zwischen 2100 und 2400 Uhr, sowie noch besser morgens ab 0400 Uhr),
5010 kHz:	Radio Garoua war früher die am besten zu hörende Station aus Kamerun, ist leider zur Zeit inaktiv.

Kanarische Inseln

Auf Teneriffa betreibt der spanische Rundfunk REE einen Relaissender für das Nordamerika-Programm in Spanisch. Gelegentlich läßt sich die Sendung um 2200 Uhr auf Kurzwelle 17715 kHz empfangen.

Kenia

Die Voice of Kenya ist leicht und gut zu empfangen. Beste Aussichten bestehen für den General Service in Englisch am frühen Abend ab etwa 1800 Uhr auf 4934 kHz. Der Eastern Service ist auf 4885 kHz und der Central Service ist auf 4915 kHz ebenfalls am frühen Abend bzw. am frühen Morgen zu hören, allerdings überwiegend in Lokalsprachen.

Kongo

Eine echte Überraschung war das Auftauchen des kongolesischen Rundfunks im Frühjahr 1990. Ein neuer Sender wurde in Betrieb genommen, mit dem „La Voix de la Révolution Congolaise" nun recht gut auch hier in Europa zu empfangen ist. Die überwiegend französischsprachigen Sendungen sind am frühen Abend ab etwa 1900 Uhr auf 4765 kHz zu hören. Es sollen auch Kurzwellenfrequenzen eingesetzt werden (eventuell 9610, 9715, 11710, 15190 kHz), doch dazu können noch keine verläßlichen Empfangshinweise gegeben werden.

Lesotho

Den Lesotho National Broadcasting Service (LNBS) kann man auf 4800 kHz ziemlich regelmäßig und brauchbar empfangen, abends am besten zwischen 1730 und 1900 Uhr sowie – vor allem im Sommer – morgens ab 0300 Uhr. Sendesprache ist Sesotho und Englisch, englischsprachige Nachrichten kommen um 1800 und 2115 Uhr.

Liberia

Aufgrund des Bürgerkrieges in Liberia ist die Situation der Rundfunksender ziemlich unklar. Die Relaisstation der Voice of America arbeitet wohl ohne Störungen, während der Missionssender ELWA in die Luft gesprengt wurde. Und Radio LBS Monrovia (ELBC) ist anscheinend sowohl auf der Tropenbandfrequenz wie auch auf Kurzwelle nicht mehr aktiv. Mehr können wir zur Zeit leider nicht aus diesem westafrikanischen Land berichten.

Madagaskar

Auf Madagaskar hat ja Radio Nederland eine Relaisstation, die recht leicht zu hören ist. Viel schwieriger ist der Empfang von Radio Madagasikara. Beste Chancen hat man dabei auf 3287 kHz. Im Winter kann die Station eventuell ab 1600 Uhr gehört werden, sonst später, wobei der Sendeschluß um 2100 Uhr ist. Gesendet wird teilweise in französischer Sprache.

Malawi

Auf 3380 kHz kann man bei sehr guten Bedingungen die Malawi Broadcasting Corporation (MBC) aus Blantyre mit Sendungen in Chichewa und Englisch empfangen. Beste Chancen hat man abends von etwa 1800 Uhr bis Sendeschluß um 2210 Uhr, sowie morgens ab 0250 Uhr.

Mali

Radiodiffusion-TV du Mali aus Bamako kann in Französisch und Lokalsprachen bei uns recht gut auf 4835 kHz und parallel auf 4783 kHz empfangen werden. Beste Empfangszeit ist von etwa 2000 Uhr an bis zum Sendeschluß um 2400 Uhr sowie im Winter auch morgens ab 0600 Uhr. Sonntags kann eventuell um 1845 eine englischsprachige Nachrichtensendung gehört werden.

Mauretanien

Recht leicht ist auch Radio Nouakchott aus Mauretanien auf etwa 4845 kHz zu empfangen. Die Frequenz variiert anscheinend, zeitweise wurde die Station auch schon auf 4830 kHz gehört. Beste Empfangszeit ist ab 1800 Uhr bis zum Sende-

REPOBLIKA MALAGASY
(MADAGASCAR)

QSL
RADIO NEDERLAND

schluß um 0100 Uhr, sowie im Winter morgens ab 0630 Uhr. Das Programm ist teilweise in Französisch; eine französischsprachige Nachrichtensendung kommt täglich um 1930 Uhr.

Mosambik

Der Empfang von Rundfunksendern aus Mosambik ist schwierig. Der portugiesischsprachige Inlandsdienst kann eventuell am frühen Abend und manchmal morgens ab 0300 Uhr auf 3211 und 4866 kHz gehört werden, wobei die Frequenz im 60-Meter-Band besser kommt, aber wohl variiert. Auf Kurzwelle bestehen bei guten Bedingungen Empfangsmöglichkeiten für die englischsprachige Sendung für Hörer in Südafrika (1800-1900 Uhr auf 9618 und eventuell 11820 kHz).

Namibia

Aus dem ehemaligen Südwestafrika meldet sich jetzt die Namibian Broadcasting Corporation (NBC). Die Sendungen sind wie früher unter dem Namen SWABC regelmäßig und gut zu empfangen. Die ganze Nacht hindurch von etwa 1700 Uhr bis 0400 Uhr kann NBC Windhoek auf 3290 kHz gehört werden. Die Sendungen sind mehrsprachig (Afrikaans, Englisch). Und es werden auch deutschsprachige Sendungen ausgestrahlt für die deutschstämmige Bevölkerungsgruppe. Nachrichten in Deutsch kommen um 1915 Uhr. Auf der zweiten Frequenz 3270 kHz bestehen Empfangsmöglichkeiten abends vor 2100 Uhr und morgens ab 0400 Uhr.

Niger

Schwach und unter starken Störungen können sie eventuell Radio ORTN Niamey auf 3260 und 5020 kHz hören. „Beste" Chancen bestehen zwischen 1900 und 2200 Uhr bzw. im Winter auch morgens ab 0500 Uhr. Die Station sendet u.a. in Französisch und Englisch und meldet sich auch unter dem Namen „La Voix du Sahel".

Nigeria

Nigeria hat einen Auslandsdienst, doch dessen Sendeanlagen liegen wohl brach. Ob die Voice of Nigeria wieder richtig auf die Beine kommt, ist zur Zeit noch ungewiß.

Bessere Aussichten bestehen für die nigerianischen Inlandsdienste, zum Beispiel für Radio FRCN Kaduna auf 4770 kHz und Radio FRCN Lagos auf 4990 kHz. Die beste Empfangszeit für diese überwiegend englischsprachigen Sendungen ist abends zwischen 2000 und 2310 Uhr sowie morgens ab 0430 Uhr.

Ruanda

Die Deutsche Welle betreibt in Kigali/Ruanda ihr Afrika-Relais und ist von dort auch bei uns recht brauchbar zu empfangen. Viel schwieriger ist der Empfang von Radiodiffusion de la Republique Rwandaise auf 3330 kHz. „Beste" Chancen bestehen, wenn überhaupt, abends in der Zeit von 1730 bis 2100 Uhr für die Sendung in Kisuaheli und Französisch.

Sambia

Der Zambia Broadcasting Service (ZBS) aus Lusaka kann am frühen Abend (etwa 1700 bis 1900 Uhr) relativ häufig auf 4910 kHz empfangen werden. Gesendet wird in Englisch und Lokalsprachen, englischsprachige Nachrichten kommen um 1800 Uhr. Zu dieser Zeit lohnt sich eventuell auch ein Empfangsversuch auf 3346 kHz.

Senegal

ORTS Dakar war bis vor einiger Zeit regelmäßig abends ab etwa 2200 Uhr bis 0100 Uhr auf etwa 4892 kHz (Frequenz variiert) mit überwiegend französisch-sprachigen Sendungen zu empfangen. Ob dieser Sender derzeit eingesetzt wird, ist unklar.

Seychellen

Auf den Seychellen gibt es zwei große Sendeanlagen. Die Far East Broadcasting Association (FEBA) strahlt von dort religiöse Programme Richtung Südasien und Ostafrika aus. Hier in Europa ist der Empfang allerdings schwierig. Die englisch-sprachige Sendung (1500 bis 1600 Uhr auf 9590, 11865 und 15325 kHz) ist manchmal hörbar.

Nach 1600 Uhr kann man eventuell auch die Sendungen in Kisuaheli, Amharisch und anderen Sprachen auf 11810 bzw. 11860 kHz hereinbekommen. Die zweite Sendeanlage gehört der BBC und wird für den World-Service Richtung Ostafrika eingesetzt.

Sierra Leone

Gar nicht so selten, wenn auch schwach, kommt der Sierra Leone Broadcasting Service (SLBS) aus Freetown auf der Frequenz 3316 kHz zu uns durch. Beste Chancen bestehen abends bis zum Sendeschluß um Mitternacht. Eventuell lohnen sich im Winter auch Empfangsversuche ab 0600 Uhr. Das Programm ist überwiegend in englischer Sprache.

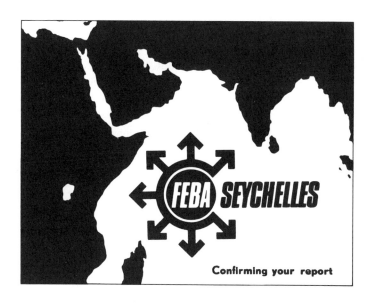

Confirming your report

Somalia

Nur ziemlich selten kann Radio Mogadishu auf etwa 7200 kHz (die Frequenz variiert) mit seinem Inlandsprogramm in Somalisch empfangen werden. „Beste" Chancen bestehen am späten Nachmittag.

Südafrika

Von vielen Hörern wurde die Einstellung der deutschsprachigen Sendungen von Radio RSA Johannesburg bedauert. Da auch andere Dienste aufgegeben wurden, ist es gar nicht mehr so einfach, RSA zu hören. Die englischsprachige Abendsendung kommt gelegentlich brauchbar auf 15270 und 17790 kHz herein.

RADIO RSA

Den südafrikanischen Inlandsdienst SABC kann man dagegen leicht im Tropenband empfangen, am besten abends bis 2400 Uhr und morgens ab 0300 Uhr auf 4880 kHz. Das englischsprachige Programm nennt sich „Radio Five".

Swasiland

Die Missionsgesellschaft Trans World Radio (TWR) unterhält in Manzini ein Sendezentrum und strahlt von dort überwiegend religiöse Sendungen aus für Hörer im südlichen Afrika. Es gibt sogar eine deutschsprachige Sendung, die allerdings kaum bei uns gehört werden kann. Besser sind die Aussichten für die englischsprachigen Sendungen zwischen 1600 und 1845 Uhr auf 15210 kHz, da diese in nördliche Richtung ausgestrahlt werden. Im Sommer kann man durchaus auch morgens ab 0300 Uhr Empfangsversuche auf 3200/ 3240/3275/3365 unternehmen für Sendungen in verschiedenen Sprachen.

Tansania

Mit den neuen Kurzwellensendern in Dar-es-Salam und auf Zanzibar kann Radio Tanzania auch bei uns besser gehört werden. Der „Commercial Service" in Kisuaheli ist öfters nachmittags von etwa 1700 Uhr bis 2100 Uhr zu empfangen. Und auf etwa 11734 kHz kann man den Sender Zanzibar am frühen Abend zwischen 1630 und 1815 Uhr hereinbekommen.

Togo

Auf 5047 kHz ist Radio Togo aus Lomé oft von etwa 1900 bis 2400 Uhr in brauchbarer Qualität zu empfangen. Die Sendungen sind überwiegend in Französisch. Englischsprachige Nachrichten kommen etwa um 1935 Uhr.

Tschad

Ebenfalls relativ gut zu hören ist Radiodiffusion Nationale Tchadienne (RNT) aus N'djamena. Die arabischsprachigen Sendungen kommen zwischen etwa 1830 und 2200 Uhr auf 4904 kHz herein. Französischsprachige Nachrichten sind um 1900 Uhr zu hören.

Uganda

Der Inlandsdienst von Radio Uganda kann öfters, wenn auch schwach, auf 5027 kHz gehört werden. Beste Empfangszeit für das Programm in Englisch und Kisuaheli ist der frühe Abend bis zum Sendeschluß um 2100 Uhr. Nachrichten in Englisch kommen um 1900 Uhr.

Zaire

In Zaire gibt es zwar mehrere Rundfunksender, aber so richtig brauchbar kommt keiner davon durch:

La Voix du Zaire soll ab 1800 Uhr die neue Frequenz 9650 kHz einsetzen. Diese französischsprachige Sendung aus Kinshasa konnten wir aber noch nicht empfangen. Dagegen wurde Radio Lubumbashi im Sommer gegen 1800 Uhr auf 7203 kHz gehört. Radio CANDIP ist mit französischsprachigen Erziehungsprogrammen noch am ehesten bei guten Afrika-Bedingungen zu hören, nämlich am frühen Abend bis zum Sendeschluß um 1900 Uhr und morgens ab 0330 Uhr auf 5066 kHz.

Zentralafrikanische Republik

Regelmäßig und recht brauchbar ist Radio Bangui in französischer Sprache auf 5035 kHz abends ab etwa 2200 Uhr bis zum Sendeschluß um 2300 Uhr zu hören (vorher sendet auf dieser Frequenz Radio Alma Ata aus der UdSSR). Morgens ab 0430 Uhr ist der Empfang besser.

Zimbabwe

Nicht mehr so gut wie früher ist Radio Zimbabwe zu hören. Man muß schon viel Glück bei guten Ausbreitungsbedingungen haben, um den Sender auf 4828 kHz bzw. auf 5012 kHz am frühen Abend oder morgens ab 0320 Uhr hereinzubekommen. Die Sendungen sind in Lokalsprachen und Englisch.

Africa N°1
à l'écoute
du monde.

Lateinamerika-Empfang

Lateinamerika – da verfällt der Europäer in Faszination. Man denkt an die alten Inkakulturen, das Andenhochland, die riesigen Urwälder Brasiliens, Karneval in Rio de Janeiro und Rinderherden, die durch die argentinischen Pampas ziehen.

Zu Lateinamerika gehören aber nicht nur Südamerika mit den Ländern Kolumbien, Venezuela, Guyana, Surinam, Brasilien, Ekuador, Peru, Bolivien, Paraguay, Uruguay und Argentinien, sondern es zählen auch die mittelamerikanischen Länder und die Karibik dazu mit Mexiko, Guatemala, El Salvador, Belize, Honduras, Nikaragua, Costa Rica, Panama und den Inseln Kuba, Jamaika, Haiti, Dominikanische Republik, Dominica, Barbados, Grenada, Trinidad und Tobago.

Gerade die zuletzt genannten Inseln in der Karibik von Kuba bis Barbados und auch Mexiko sind neuerdings beliebte Reiseziele der deutschen Ferntouristen.

Doch außer blauem Himmel und fröhlichen Menschen, die zu lateinamerikanischen Rhythmen tanzen, gibt es auch die andere Seite, die rauhe Wirklichkeit. Gerade dort finden sich die krassen Unterschiede zwischen Armen und Reichen. Und die relativ spärlichen Nachrichten, die uns von Mittel- und Südamerika erreichen, sind oft negativer Natur: Drogenkrieg, Militärputsch, Wirtschaftsdesaster ... Doch die Faszination für Lateinamerika bleibt ungebrochen, auch wenn sie nur in der Ferne besteht.

So ist es nicht verwunderlich, daß es auch im Hobby Kurzwellenhören ein Spezialgebiet gibt, das sich Lateinamerika-DX (LA-DX) nennt. Gerade der Empfang von Sendern aus Lateinamerika ist sehr beliebt. Das hat natürlich auch einen Grund im Rundfunkbereich. In den Ländern Mittel- und Südamerikas gibt es nämlich eine bemerkenswert große Zahl von Lokalsendern, die das lateinamerikanische Rundfunkwesen prägen. Viele dieser Stationen können in Europa durchaus empfangen werden. Die Stationen senden in den unteren Kurzwellenbereichen, als hauptsächlich benutztes Rundfunkband dominiert ganz klar das 60-Meter-Tropenband. Dieser Artikel befaßt sich mit dem Lateinamerika-Empfang von Rundfunksendern in diesem Bereich.

Als Ergänzung werden aber auch die auf Kurzwelle in Europa hörbaren lateinamerikanischen Sender vorgestellt. Immerhin unterhalten eine ganze Reihe südamerikanischer Staaten Auslandsdienste auf Kurzwelle. Andere Länder sind gar nur auf Kurzwelle und kaum im Tropenband zu empfangen.

Doch zurück zum 60-Meter-Tropenband. Wir wollen hier berichten über den Empfang der vielen starken Sender aus Venezuela, das dank seiner reichen Bodenschätze eine stürmische Entwicklung erlebt. Wir wollen auch aufzeigen, welche Sender man aus den Inkastaaten Ekuador, Peru und Bolivien empfangen kann. In diesen drei Ländern wird beispielsweise neben dem in Lateinamerika üblichen Spanisch auch in den Indianersprachen wie Quechua und Aymara gesendet. Die volkstümliche Andenmusik ist eine Spezialität der ekuadorianischen Provinzstationen im Andenhochland.

Und wir wollen auch berichten über die große, bunte Mischung der Sender in Brasilien, dem einzigen Land Südamerikas, in dem Portugiesisch gesprochen wird. Dort, wo die Fußballbegeisterung keine Grenzen kennt und am Wochenende von zahllosen Fußballspielen im Rundfunk berichtet wird. Die sich überschlagenden brasilianischen Schnellsprech-Kommentatoren – das muß man gehört haben. Und dann der Karneval in Brasilien, der Millionen Menschen in Stimmung bringt. Dem Rhythmus der lateinamerikanischen Musik kann auch ein ernster DXer und Kurzwellenjäger nicht widerstehen.

Bei den Rundfunkstationen handelt es sich überwiegend um Privatstationen, die von den Einnahmen aus der Werbung leben. Viele davon sind Ein-Mann-Stationen mit lokaler Bedeutung. Andere gehören zu den Zeitungskonzernen oder zu den großen nationalen Senderketten. Das Programm dieser Sender besteht überwiegend aus populärer südamerikanischer Musik, zahlreichen Werbespots oder ganzen Werbesendungen, umfangreichen Sportsendungen (Fußball), aber nur wenigen Informationsanteilen.

Im Gegensatz dazu bringen die Sender kirchlicher Organisationen hauptsächlich Bildungsprogramme und Missionssendungen für die Bevölkerung, die auch in den Indiosprachen ausgestrahlt werden.

Die staatliche Kontrolle über alle Sender ist rigoros. Gesendet wird nur, was von der jeweiligen Regierung erlaubt ist. Wer dagegen verstößt, wird nicht selten zum Schweigen gebracht.

Wer sich für die lateinamerikanischen Länder über die Empfangschancen und QSL-Moral hinaus interessiert, dem seien die preiswerten Merian-Hefte (im Buchhandel erhältlich) empfohlen.

Empfangspraxis – beste Empfangschancen

Kommen wir zur Empfangspraxis. Der Empfang von Sendern aus Südamerika ist ab etwa 2000 Uhr UTC in Europa möglich. Da sind zuerst die Sender aus dem Osten, also Stationen aus Brasilien zu hören. Die westlichen Sender werden oft erst weit nach Mitternach hörbar. Empfangsmöglichkeiten bestehen bis kurz nach der Morgendämmerung in Europa, doch viele Stationen haben bereits um 0400 oder 0500 Uhr UTC Sendeschluß. Allerdings spielt auch die Jahreszeit eine Rolle, denn im Sommer ist Lateinamerika-Empfang kaum vor 2300 Uhr möglich und wird auch wegen der kürzeren Nacht früher unmöglich, während der mögliche Empfangszeitraum im Winter viel länger ist und tatsächlich von abends nach der Tagesschau bis zum Frühstück reichen kann. Deswegen sehen Tropenband-DXer oft so unausgeschlafen aus ...

Bevor Sie sich eine ganze Nacht um die Ohren schlagen, sollten Sie einige Indikatorstationen abhören, die zeigen, ob die Ausbreitungsbedingungen eine schlaflose Nacht rechtfertigen. Wenn die nachfolgenden Sender schlecht oder gar nicht zu hören sind, kommen die raren Stationen erst recht nicht herein.

Indikatorstationen im 60-Meterband für Lateinamerika:

Mittelamerika:	4832 kHz	Radio Reloj, Costa Rica
Südamerika (Nord):	4830 kHz	Radio Táchira, Venezuela
	4980 kHz	Radio Ecos del Torbes, Venezuela
Südamerika (West):	5030 kHz	Radio Catolica Nacional, Ekuador
	4790 kHz	Radio Atlántida, Peru
Brasilien:	4805 kHz	Radio Difusora do Amazonas
	4885 kHz	Radio Clube do Para

Für den Lateinamerika-Empfang im 60-Meterband ist es übrigens nicht notwendig, den teuersten und modernsten Empfänger anzuschaffen. Schon mit den preiswerten Mittelklassegeräten lassen sich schöne Erfolge erzielen. Ideal ist natürlich eine Langdraht-Außenantenne, aber auch die eingebaute Teleskopantenne bringt oft schon brauchbare Signalstärken, wenn die allgemeinen Empfangsbedingungen günstig sind. Eine digitale Frequenzanzeige ist ja heute bei den Weltempfängern üblich – damit wird die Identifikation eines Senders wesentlich erleichtert.

Wichtiger als die technische Ausrüstung ist die Begeisterung für den Lateinamerika-Empfang an sich und die Bereitschaft, sich ein wenig mit der spanischen Sprache (bzw. der portugiesischen Sprache für Brasilien) vertraut zu machen, um so etwas von der Faszination des lateinamerikanischen Rundfunks zu verspüren. Nach den ersten Schwierigkeiten hört man schnell in die Sprache herein und versteht schon bald Einzelheiten. Die Identifikation wird durch häufige Stationsansagen und Slogans erleichtert.

Von den meisten hörbaren Sendern kann man auch eine QSL-Karte oder einen Bestätigungsbrief erhalten. Häufig läßt sie Antwort allerdings Monate auf sich warten. Da es sich hier um eine reine Freundlichkeit handelt, sollte man sich wirklich Mühe geben, wenn man an einen Sender schreibt.

Beachten Sie dazu bitte auch die Hinweise für Empfangsberichte an Lokalsender im Jahrbuch „Sender & Frequenzen". Man kann an diese Sender keinen normalen Empfangsbericht schicken, sondern muß den Bericht in einen freundlichen Brief einbauen, der zudem in Spanisch oder Portugiesisch geschrieben sein sollte. Aber wer beherrscht schon diese Sprachen? Eine große Hilfe dazu ist das Buch „DX-Vokabular" mit Musterbriefen, Textbausteinen und Wortlisten für DX-Briefe in verschiedenen Sprachen (siehe Leserservice am Ende des Buches).

Alle wichtigen und häufiger hörbaren Sender listen wir nachfolgend auf. Wer sich intensiver mit diesem Gebiet befaßt, sollte aber unbedingt umfassende Nachschlagewerke wie das Jahrbuch „Sender & Frequenzen" oder das „Tropenband-Handbuch" benutzen (siehe Leserservice am Ende des Buches).

Doch diese Einführung allein soll Ihnen schon helfen, einen ersten erfolgreichen Einstieg in das Hören lateinamerikanischer Rundfunksender zu bekommen. Allgemeine Erläuterungen zum Tropenbandempfang wurden in einem besonderen Artikel vorgestellt. Nachfolgend soll zunächst auf die Empfangsmöglichkeiten der einzelnen Länder eingegangen werden. Dabei sind auch die häufig gut zu empfangenden Sender genannt, bei denen man die besten Chancen hat. Eine nach Frequenzen geordnete Übersicht der wichtigsten lateinamerikanischen Sender im 60-Meterband schließt diese Einführung ab.

Empfangsmöglichkeiten für Sender aus Lateinamerika

Die Empfangsmöglichkeiten ändern sich fast täglich. Nur Sender aus Venezuela, Kolumbien und Brasilien bieten in etwa gleichbleibende Empfangschancen.

Mittelamerika

Nur spärlich sind die Chancen, Sender aus Mittelamerika zu empfangen. Recht regelmäßig und brauchbar kommt Radio Reloj aus **Costa Rica** auf 4832 kHz herein. Dieser Sender aus San José kann häufig bis in den Morgen hinein mit Sendungen in Spanisch gehört werden. Öfters in der letzten Zeit wurde auch der Empfang von Radio Faro del Caribe auf 5055 kHz verzeichnet, ebenfalls aus Costa Rica. Die religiösen Sendungen können nach Mitternacht gehört werden, wobei um 0300 Uhr UTC ein englischsprachiges Programm kommt.

Aus **Guatemala** konnte in letzter Zeit häufig Radio Tezulutlán auf 4835 kHz gehört werden. Sendeschluß ist um 0230 Uhr UTC.

Aus **Honduras** hören wir regelmäßig, wenn auch schwach, zwischen etwa 0200 und 0500 Uhr UTC auf 4820 kHz die religiöse Station HRVC La Voz Evangelica. Das Programm ist in Englisch und Spanisch.

Und auf 5025 kHz sendet auf **Kuba** der Inlandsdienst Radio Rebelde in spanischer Sprache. Die Sendungen sind auch bei uns regelmäßig zu hören. Sendeschluß ist um 0400 Uhr UTC.

Venezuela

Am leichtesten sind die Sender aus Venezuela zu empfangen. In der Zeit von etwa 2300 Uhr UTC bis zum Sendeschluß (normalerweise um 0400 Uhr) sind folgende Rundfunksender fast täglich „gut" (für Tropenband-verhältnisse) zu hören:

Radio Táchira (4830 kHz), Radio Rumbos (4970 kHz), Radio Ecos del Torbes (4980 kHz).

Kolumbien

Ähnlich wie Venezuela bietet auch Kolumbien ab Mitternacht einige gute Empfangsmöglichkeiten. Beste Chancen hat man ab etwa 0400 Uhr UTC bis zur Morgendämmerung. Im Winter sind die Stationen oft gegen 0800 Uhr UTC noch einmal stark zu hören (beim fadeout). Regelmäßig kommen folgende Kolumbianer relativ gut herein:

La Voz de Cinaruco/CARACOL (4865 kHz), Radio CARACOL Neiva (4945 kHz) und als stärkste Station Radio CARACOL Bogotá, das ehemalige Radio Sutatenza (5075 kHz) sowie Radio Nueva Vida (5567 kHz).

Ekuador

Ekuador hat zwar viele kleine Lokalsender, aber nur wenige davon kommen in Europa brauchbar herein, dazu zählen Radio Quito (4920 kHz) und Radio Catolica Nacional (5030 kHz).

Peru

Sender aus Peru zu empfangen ist sehr schwierig. Chancen bestehen ab 0400 Uhr UTC, beste Jahreszeit dazu ist der Frühsommer. Bei guten Bedingungen sind folgende Stationen noch am ehesten zu hören:

Gegen 2300 Uhr und besser während der Morgendämmerung kommt Radio Atlantida (4790 kHz) herein. Versuchen können Sie es auch mit Radio La Voz de la Selva (4825 kHz) und Radio Madre de Dios (4951 kHz). Unter der russischen Zeitzeichenstation RWM kommt manchmal Radio Andina (4996 kHz) durch.

Brasilien

Brasilien ist mit vielen Sendern im Tropenband vertreten. Schon am frühen Abend, ab etwa 2000 Uhr UTC, können die ersten Sender von der brasilianischen Ostküste hereinkommen. Im Gegensatz zu den anderen Ländern Südamerikas wird in Brasilien Portugiesisch gesprochen. Und an den Wochenenden – eine weitere Besonderheit – werden die Programme von vielen Fußballreportagen beherrscht. Hier einige regelmäßig und relativ gut hörbare Sender:

Radio Integracao Cruzeiro do Sul (4765 kHz), Radio Difusora do Amazonas, Manaus (4805 kHz), Radio Clube do Para, Belem (4885 kHz), Radio Relogio, Rio de Janeiro (4905 kHz), Radio Anhanguera, Goiania (4915 kHz), Radio Cultura do Para, Belem (5045 kHz).

Bolivien

Nur sehr spärlich sind die Möglichkeiten, um Sender aus Bolivien zu empfangen. Gelegentlich sind bei guten Ausbreitungsbedingungen am besten um Mitternacht herum zu hören: Radio Santa Ana (4649 kHz) und Radio Nueva America (4795 kHz).

Und die anderen südamerikanischen Länder?

Die anderen südamerikanischen Länder wie Guayana, Chile, Argentinien, Paraguay und Uruguay bieten im Tropenband so gut wie keine Möglichkeit zum Empfang. Eher bestehen Chancen, von dort die eine oder andere Kurzwellensendung zu empfangen.

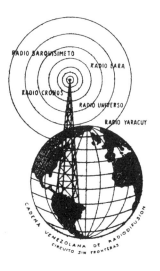

Frequenzliste:
Lateinamerika im 60-Meterband

Die nachfolgende Frequenzliste enthält eine Auswahl der meistgehörten latein-amerikanischen Rundfunksender im 60-Meter-Tropenband. Bitte beachten Sie, daß in diesem Bereich aber auch noch viele andere Rundfunksender arbeiten (siehe z.b. die vorangegangenen Artikel über Tropenband und Rundfunk aus Afrika) und daß außerdem auch noch andere Funkdienste hier senden dürfen!

4649 kHz Aus Bolivien ist relativ häufig auf dieser Frequenz Radio Santa Ana zu empfangen, wenn die Bedingungen es zulassen. Beste Emp-fangs-zeit ist um Mitternacht herum.

4765 kHz Radio Integracao, Cruzeiro do Sul/Brasilien, ist am späten Abend oft zu hören.

4770 kHz Radio Mundial Bolívar, Ciudad Bolívar/Venezuela, kann öfters zwischen 0100 und 0400 Uhr UTC gehört werden, wenn der Sender benutzt wird – was wohl nicht immer der Fall ist.

4790 kHz Radio Atlantida aus Iquitos ist wohl der Rundfunksender aus Peru, der am besten und regelmäßigsten bei uns zu empfangen ist. Beste Chancen um ca. 2300 Uhr UTC und dann wieder kurz vor Sende-schluß gegen 0500 Uhr UTC.

4795 kHz Hier hat man noch die besten Aussichten, einen Sender aus Bolivien hereinzubekommen, nämlich Radio Nueva America. Empfangsver-suche lohnen sich eventuell ab 2300 Uhr UTC bis 0400 Uhr UTC.

4800 kHz Radio Popular de Cuenca aus Ekuador kann man häufiger bis zum frühen Morgen hören.

4805 kHz Radio Difusora do Amazonas aus Manaus/Brasilien ist regelmäßig und relativ gut am späten Abend bei uns zu empfangen.

4820 kHz Schwach, aber regelmäßig kommt hier der Missionssender Radio HRVC La Voz Evangelica aus Honduras herein. Das Programm ist in Englisch und Spanisch. Empfangs-zeit zwischen etwa 0200 und 0500 Uhr UTC.

4825 kHz	La Voz de la Selva aus Peru kommt um Mitternacht herum gelegentlich durch.
4830 kHz	Radio Táchira, San Cristobal/Venezuela, ist regelmäßig als einer der stärksten Sender aus Venezuela ab Mitternacht zu hören.
4832 kHz	Radio Reloj aus San José/Costa Rica kommt oft brauchbar nach Mitternacht bis in den Morgen hinein bei uns herein. Viele Zeitansagen und lange Nachrichtenteile ermöglichen eine gute Identifikation dieser mittelamerikanischen Station.
4835 kHz	Radio Tezulutlán aus Guatemala konnte in letzter Zeit häufig ab etwa Mitternacht gehört werden. Sendeschluß ist um 0230 Uhr UTC.
4850 kHz	Radio Capital, Caracas/Venezuela, sendet unregelmäßig auf dieser Frequenz, ist aber ggf. am frühen Morgen zu empfangen.
4865 kHz	La Voz de Cinaruco (CARACOL) aus Kolumbien ist am frühen Morgen bis zum Sendeschluß um 0400 Uhr UTC öfters zu empfangen.
4875 kHz	Aus Rio de Janeiro kann man hier gelegentlich am späten Abend Radio Jornal do Brasil hören.
4885 kHz	Radio Clube do Para aus Belem/Brasilien kommt nachts bis etwa 0400 Uhr UTC herein, im Winter auch morgens ab 0700 Uhr UTC wieder.
4905 kHz	Radio Relogio Federal aus Rio de Janeiro/Brasilien ist mit vielen Informationssendungen zu hören bis etwa 0330 Uhr UTC.
4915 kHz	Radio Anhanguera aus Goiania/Brasilien ist oft zu hören ab dem späten Abend bis etwa 0400 Uhr UTC.
4920 kHz	Radio Quito, La Voz de la Capital aus Ekuador ist bei guten Bedingungen regelmäßig bis zum frühen Morgen zu hören.

RADIO QUITO
LA VOZ DE LA CAPITAL
INFORMATIVA, CULTURAL
DEPORTIVA, MUSICAL
OFICINA ESTUDIOS CALLE CHILE 1347

4945 kHz	Radio CARACOL Neiva aus Kolumbien meldet sich auch als Radio Reloj und kann am frühen Morgen gehört werden.
4951 kHz	Radio Madre de Dios aus Peru kann öfters einmal empfangen werden. Sendeschluß ist gegen 0230 Uhr UTC.

4970 kHz	Radio Rumbos, Villa de Cura, Caracas/Venezuela, ist hier oft und mäßig gut von etwa 2300 Uhr UTC bis zum frühen Morgen zu hören.
4980 kHz	Einer der am besten zu hörenden Sender Lateinamerikas, Radio Ecos del Torbes aus San Cristobal/Venezuela, ist fast immer gut auf dieser Frequenz von etwa 2300 Uhr UTC bis zum Sendeschluß um 0400 Uhr UTC zu hören.
4985 kHz	Ab dem späten Abend kommt Radio Brasil Central aus Goiania/Brasilien regelmäßig herein.
4996 kHz	Radio Andina aus Peru kommt manchmal unter der russischen Zeitzeichenstation RWM durch.
5022 kHz	Radio Nacional, Caracas/Venezuela, sendet nicht immer und außerdem schwankt die Frequenz einige Kilohertz nach oben oder unten. Wenn der Sender hereinkommt, ist Empfang bis zum Sendeschluß um 0330 Uhr UTC möglich.
5025 kHz	Radio Rebelde nennt sich der Inlandsdienst des kubanischen Rundfunks aus La Habana. Die Sendungen sind regelmäßig bis zum Sendeschluß um 0400 Uhr UTC zu hören.
5030 kHz	Wohl am besten aus Ekuador ist auf dieser Frequenz in der zweiten Nachthälfte Radio Catolica Nacional aus Quito zu hören.
5045 kHz	Mit am besten aus Brasilien ist auf dieser Frequenz abends Radio Cultura do Para aus Belem zu empfangen.
5049 kHz	Radio Mundial, Caracas/Venezuela, sendet ebenfalls nur unregelmäßig auf dieser Frequenz, ist aber ggf. in der zweiten Nachthälfte bis zum frühen Morgen zu hören.
5055 kHz	Radio Faro del Caribe ist ein Missionssender aus San Jose/Costa Rica. Gesendet wird in Spanisch und Englisch (0300-0400 Uhr UTC). Bei guten Bedingungen kommt die Station recht ordentlich herein.
5075 kHz	Radio CARACOL Bogotá/Kolumbien, das ehemalige Radio Sutatenza, ist der am besten zu hörende kolumbianische Sender.
5567 kHz	Radio Nueva Vida, eine kolumbianische Station mit überwiegend religiösem Programm, ist auf dieser relativ ungestörten Frequenz außerhalb des Rundfunkbereiches öfters bis zum Sendeschluß um 0200 Uhr UTC ganz brauchbar zu empfangen.

Kurzwellen-Rundfunksendungen aus Lateinamerika

Neben den Tropenbandsendungen kann man durchaus auch eine ganze Reihe von mittel- und südamerikanischen Rundfunksendern auf Kurzwelle hören. Da sich die Sendezeiten relativ häufig ändern, bitten wir Sie, die aktuellen Angaben im Jahrbuch „Sender & Frequenzen" nachzuschlagen. Hier nun die Tips, wo Empfangschancen bestehen:

Mexiko

Der Auslandsdienst des mexikanischen Rundfunks XERMX hatte einmal große Pläne, aber aufgrund der jetzt katastrophalen finanziellen Lage des Landes wird daraus wohl nichts. Die Empfangschancen für Sendungen aus Mexiko sind daher fast bei Null.

Nikaragua

Radio La Voz de Nicaragua ist im 49-m-Band auf ca. 6000 kHz bei guten Bedingungen morgens von etwa 0300 Uhr UTC an (schlecht) zu hören. Die Frequenz schwankt um einige Kilohertz. Die Sendungen sind in spanischer Sprache. Zeitweise wird auch ein englischsprachiges Programm ausgestrahlt (0000-0100 Uhr UTC).

Costa Rica

Aus Costa Rica sind in jüngster Zeit wieder Sender auf Kurzwelle bei uns zu empfangen. Zum einen hat die Missionsgesellschaft Adventist World Radio die Station Radio Lira Internacional in Costa Rica gegründet. Mit Glück und bei guten Bedingungen kann RLI abends und in der Nacht auf 9725 oder 11870 kHz gehört werden. Das Programm ist in Englisch und Spanisch.

Besser sind die Empfangsaussichten für Radio For Peace. Gesendet wird u.a. wochentags von 2000 bis 2330 Uhr UTC auf 13630 und 21565 kHz, am Wochenende beginnt die Sendung bereits um 1800 Uhr UTC. Außer montags wird auch von 2330 bis 0300 Uhr UTC auf 7375, 13630 und 21565 kHz gesendet. Das Programm ist in Spanisch und Englisch für Hörer in Mittel- und Nordamerika. Ob die angekündigte deutschsprachige Sendung (freitags, 2300-2330 Uhr UTC) ausgestrahlt wird, ist unklar.

Kuba

Die Kubaner arbeiten eng mit dem sowjetischen Rundfunk zusammen. So werden zum Beispiel die englischsprachigen Sendungen von Radio Habana zum Teil über Sender in der UdSSR ausgestrahlt. Umgekehrt benutzt Radio Moskau auch Sender auf Kuba. Leider ist der Empfang der englisch- und französischsprachigen Sendungen in letzter Zeit schwierig, nicht zuletzt wegen der Auswahl ungünstiger Frequenzen.

Zwischen 1900 und 2300 Uhr UTC wird alternativ auf 7215, 9685, 11800, 11820, 11850, 11930, 17725, 17860 oder 17890 kHz gesendet. Beste Chancen bestanden zuletzt im Frühjahr bzw. Herbst um 2200 Uhr auf 9685 kHz für die englischsprachige Sendung.

Dominikanische Republik

Auf 11700 kHz konnte man bis vor einiger Zeit Radio Clarin bzw. Radio Mil aus Santo Domingo regelmäßig vor Mitternacht mit Sendungen in Spanisch hören. Diese Frequenz wird aber zur Zeit nicht benutzt. Auf 9850 bzw. alternativ 9950 kHz kommt Radio Clarin manchmal nach Mitternacht herein. Es kommen dabei auch Sendungen unter dem Namen La Voz de Fundación.

Niederländische Antillen

Auf der Insel Bonaire stehen die Relaissender von Radio Nederland und von Trans World Radio (TWR). Beide sind leicht bei uns zu empfangen: Radio Nederland kommt mit einer englischsprachigen Sendung z.B. abends von 1830 bis 1925 Uhr UTC auf 17605 und 21685 kHz herein. TWR Bonaire kann man regelmäßig am frühen Morgen mit einer englischsprachigen Sendung für Nordamerika hören, und zwar von 0300 bis 0430 Uhr auf 9535 und 11930 kHz. Vor allem im Sommer hat man auch Chancen zum Empfang der deutschsprachigen Sendung von 2325 bis 2400 Uhr auf 15355 kHz.

Antigua

Zwei weitere Relaissender gibt es auf der kleinen Insel Antigua. Von dort strahlen die Deutsche Welle (DW) und die BBC Sendungen auf verschiedenen Kurzwellenfrequenzen aus, die ebenfalls leicht zu hören sind: Deutschsprachiges von der DW ist von 2000 bis 2200 Uhr UTC auf 17810 kHz und von 2200 bis 0200 Uhr

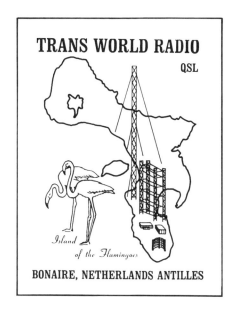

UTC auf 15410 kHz zu hören. Die BBC kommt mit dem englischsprachigen World Service z.b. morgens von 0500 bis 0815 Uhr UTC auf 9640 kHz, von 1100 bis 1400 Uhr UTC auf 15220 kHz und von 2000 bis 2115 Uhr UTC auf 17760 kHz herein.

Kolumbien

Im 49-Meterband senden einige kolumbianische Stationen, der Empfang ist aber schwierig, vielleicht probieren Sie es um Mitternacht herum auf 6150 kHz (CARACOL Bogotá) einmal. Radio Nacional Bogotá kommt eventuell zu dieser Zeit auf etwa 17862 kHz herein. Die Frequenz schwankt allerdings beträchtlich zwischen etwa 17655 und 17905 kHz.

Venezuela

Auf Kurzwelle bietet Venezuela leider lange nicht so viele Empfangsmöglichkeiten wie im Tropenband. Radio Rumbos kommt vielleicht am frühen Morgen auf 9660 kHz herein. Im Winter wurde relativ häufig auch schon die Morgensendung empfangen, die um 0855 Uhr UTC beginnt.

Surinam

Originellerweise strahlt Radio Suriname Internationaal ein Programm für Europa auf Kurzwelle aus. Da keine eigenen geeigneten Sender zur Verfügung stehen, werden die starken Sender von Radio Nacional do Brasil mitbenutzt, die Sendungen kommen also aus Brasilien. Das Europaprogramm in Holländisch ist wochentags von 1700 bis 1745 Uhr UTC auf etwa 17750 kHz zu hören, Nachrichten in Englisch kommen etwa um 1725 Uhr.

Französisch Guyana

Radio France Internationale (RFI) hat in Französisch Guyana eine starke Relaisstation errichtet. Von dort sind verschiedene RFI-Sendungen auch bei uns zu empfangen, z.b. von 2200 bis 0200 Uhr UTC auf 11995 und 15200 kHz in verschiedenen Sprachen. Eine Sendung in Englisch kommt von 0315 bis 0345 Uhr UTC auf 9800 und 11670 kHz. RFI vermietet die Sendeanlagen auch an Radio Japan und Radio Peking.

Brasilien

Die deutschsprachigen Sendungen des Auslandsdienstes von Radio Nacional do Brasil (Radiobras) dürften bekannt sein. Der Empfang abends auf 15265 kHz ist eigentlich immer in zumindest mittlerer Qualität möglich. Daneben strahlen eine ganze Reihe brasilianischer Rundfunksender auch Programme auf Kurzwelle aus. Hier einige Beispiele:

Radio Nacional Amazonia kann abends und nachts öfters auf 11780 und 15445 kHz empfangen werden. Ebenfalls im 25-Meterband kommen abends und vor allem im Winter auch morgens bis etwa 0900 Uhr UTC Radio Globo aus Rio de Janeiro auf 11805 kHz, Radio Aparecida auf 11855 kHz und Radio Bandeirantes auf 11925 kHz herein. Radio Record aus Sao Paulo ist auf 15135 kHz nicht selten zu hören. Alle Sendungen sind in Portugiesisch.

Blick in den Senderraum von Radio HCJB in Pifo.

Ekuador

Bekannt sind die Sendungen von Radio HCJB, der Stimme der Anden. Das deutschsprachige Programm kann fast immer recht leicht und gut sowohl morgens wie auch abends empfangen werden.

Peru

Peru-Empfang ist generell schwierig. Eine interessante Möglichkeit bieten dabei einige Stationen, die außerhalb der regulären Rundfunkbereiche senden, z.B. Radio Estacion C auf 6325 kHz, Radio Tacna auf 6571 und 9486/9505 kHz oder Radio Satelite auf 6724 kHz. Der Empfang ist mit Glück möglich, dann aber schwach. Beste Chancen hat man im Sommer um Mitternacht herum oder am frühen Morgen.

Bolivien

Noch schlechter ist es um Bolivien bestellt. Nur bei sehr guten Bedingungen und unter starken Störungen können Sie vielleicht um Mitternacht herum oder am frühen Morgen Radio Illimani auf 6025 kHz oder Radio Panamericana auf 6106 kHz heraushören.

Paraguay

Im Winter kann ab etwa 2100 Uhr UTC Radio Nacional Asuncion auf 9735 kHz in mäßiger Qualität gehört werden – aber Vorsicht, dort werden zum Teil auch von anderen Rundfunkstationen spanischsprachige Sendungen ausgestrahlt. Ein zweiter Sender aus Paraguay ist Radio Encarnación auf 11945 kHz mit Empfangschancen am späten Abend und während der Nacht.

Chile

Radio Nacional aus Santiago de Chile kann mit dem spanischsprachigen Inlandsprogramm gelegentlich ab etwa 2100 Uhr UTC auf 15140 kHz gehört werden.

Argentinien

Ebenso wie aus Brasilia sind auch aus Buenos Aires abends deutschsprachige Sendungen zu hören, deren Empfang in letzter Zeit wieder recht gut ist. Eingesetzt werden die Frequenzen 11710 und 15345 kHz.

Uruguay

Sendungen aus Uruguay sind nur selten und dann ziemlich schlecht zu empfangen. Die relativ besten Chancen hat man mit Radio Oriental auf 11735 kHz und Radio El Espectador auf 11835 kHz.

Mittelwellen-Fernempfang

Auch die Mittelwelle bietet dem interessierten Welthörer eine ganze Menge interessanter Empfangsmöglichkeiten. Das mag zunächst erstaunen, denn eigentlich sind die Mittelwellen-Frequenzen eher für eine regionale Rundfunkversorgung geeignet.

Festzustellen ist, daß man auf Mittelwelle im Bereich von 520 bis 1602 kHz auch ohne große Anstrengung und mit einem ganz normalen Radio Rundfunksender aus fast allen europäischen Ländern empfangen kann. Tagsüber ist auf Mittelwelle wenig los, man hört nur einige relativ nahe einheimische Sender. Mit Beginn der Dämmerung und die ganze Nacht über ist dann aber auch in diesem Frequenzbereich eine Fülle von Sendern zu hören, auf jeder Frequenz mindestens einer – ein echter Wellensalat.

Was man da zunächst hört, sind so ziemlich alle deutschen Rundfunkanstalten und dann viele Rundfunkdienste aus den anderen europäischen Ländern und einige Auslandsdienste, die außer auf Kurzwelle auch auf Mittelwelle Sendungen für Hörer in benachbarten Ländern ausstrahlen.

Der Empfang von europäischen Sendern reißt noch keinen Wellenjäger vom Hocker, obwohl es da auch einige Spezialgebiete gibt. So senden in Großbritannien eine große Zahl von verschiedenen Lokalstationen auf MW, die ein weites Betätigungsfeld bieten.

Auch fast alle arabischen Länder in Nordafrika und Nahost können auf Mittelwelle – und manchmal nur dort – empfangen werden.

So richtig spannend für Mittelwellen-DXer wird es aber, wenn auch Rundfunksender aus Übersee hereinkommen – und das ist durchaus regelmäßig der Fall. Natürlich darf man da nicht zu hohe Ansprüche an die Empfangsqualität stellen und auch die Empfangsanlage muß schon recht gut sein. Eine schwierige Sache, eine Herausforderung für Wellenjäger.

Mittelwellen-Ausbreitung

Um zu verstehen, warum und wie auch auf Mittelwelle Fernempfang möglich ist, müssen wir uns zuerst ein wenig mit der Funkwellenausbreitung der Mittelwellen beschäftigen.

Tagsüber können Sie auf Mittelwelle nur die sogenannte Bodenwelle empfangen. Der Versorgungsradius eines Rundfunksenders beträgt je nach Leistungsfähigkeit der Empfangsanlage und nach Senderstärke etwa 100 bis 500 km. Tagsüber ist Fernempfang also nicht möglich.

Ab Einbruch der Dämmerung bildet sich aber die Ionosphäre um und die Raumwellen der Sender werfen nicht mehr – wie tagsüber – absorbiert, sondern reflektiert. Wenn die Reflexionspunkte im Dunkeln liegen, kommt es zu Fernausbreitungen mit einem oder mehreren Reflexionssprüngen, wie wir es auch von der Kurzwelle her kennen. Die Reichweiten können dann durchaus auf 1000 bis sogar 2000 km ansteigen.

Möglich sind dann je nach Jahreszeit ab etwa 1400 bis 1700 Uhr zunächst Empfänge aus Osteuropa (Balkan, UdSSR, Ungarn und eventuell arabische Halbinsel), dann kommen mit einsetzender Dämmerung auch weiter westlich gelegene Rundfunksender herein. Morgens verläuft dieser Vorgang genau umgekehrt, osteuropäische Sender „verschwinden" zuerst vom Band und englische Sender sind noch recht lange hörbar. Dazwischen sind in der Nacht mit ganz normaler Empfangsanlage Rundfunksender aus ganz Europa und Nordafrika/Nahost zu hören.

Um Sender aus noch größerer Entfernung zu empfangen, bedarf es dann schon einer leistungsfähigen Mittelwellenantenne. Unter dieser Voraussetzung beginnt um etwa 2300 Uhr (im Winter auch schon früher) die Empfangszeit für Überseestationen aus Amerika. Nordamerikanische Sender dominieren dabei im Winter, südamerikanische Sender im Sommer. Mittelamerika ist über das ganze Jahr hinweg relativ gleichbleibend zu empfangen. Diese nächtliche Empfangsperiode dauert etwa bis zum Einbruch der Morgendämmerung. Natürlich ist nur bei wirklich guten Bedingungen mit Empfang der vergleichsweise schwachen amerikanischen MW-Sender zu rechnen. Die Ausbreitungsbedingungen sind sehr launisch und können sich von Tag zu Tag ändern. Auch eine gute Empfangsanlage hilft da oft nicht weiter, man muß schon einige Geduld mitbringen, um erste Erfolge zu erzielen.

Empfänger und Antenne für Mittelwellen-DX

Für die ersten Empfangsversuche auf Mittelwelle brauchen Sie, verglichen mit dem Kurzwellenempfang, keinen zusätzlichen technischen Aufwand zu treiben. Ein Radio mit Mittelwellenteil und Ferritantenne (die ist zumindest bei tragbaren Geräten eingebaut und bringt eine gute Richtwirkung) reicht für den Empfang europäischer Sender voll aus. Verbesserungen kann, wenn nötig, bereits ein langer Draht als Antenne bringen.

Wenn Sie ein handliches Radio (Kofferradio, Reiseempfänger) haben, können Sie durch Drehen des Gerätes die Richtwirkung der eingebauten Ferritantenne ausnutzen. Dieser Effekt läßt sich auch leicht ausprobieren. Auf diese Weise kann man sich auf das Signalmaximum eines Senders ausrichten und störende Sender aus anderen Richtungen ausblenden.

Für den Übersee-Empfang müssen aber doch weitere Anforderungen gestellt werden. Der Empfänger sollte möglichst trennscharf sein, ist aber nicht ganz so entscheidend wie die Antenne. Ohne einen möglichst langen Draht oder eine spezielle Rahmenantenne für den Mittelwellen-Bereich (oft bis 1 m^2 Rahmenfläche) läuft hier wenig. Ein Antennenanpaßgerät ist ebenfalls sehr wichtig zur optimalen Abstimmung auf die Hörfrequenz. Hingegen sind auch mit für KW nur mäßig geeigneten Empfängern schon recht gute Ergebnisse erzielt worden – mit entsprechender Antenne!

Wer sich eine spezielle MW-Rahmenantenne leisten will, sollte wegen Informationen einmal an Jürgen Martens, Zeppelinstr. 38, D-7412 Eningen, schreiben (Rückporto nicht vergessen). Dann noch ein interessanter Tip für Nostalgiker: Aus den 50er- und 60er Jahren hat so mancher noch ein altes Röhrenradio auf dem Dachboden stehen (ja – den Holzkasten mit der großen Skala und den dicken Drehknöpfen meinen wir). Diese Röhrengeräte leisten noch gute Dienste auf Mittelwelle. Früher wurde die Inlandsversorgung zunächst über Mittelwellensender sichergestellt und diese Oldie-Empfänger weisen oft eine gute Empfindlichkeit auf. Es macht bestimmt Spaß, auch mit so einer Röhrenkiste aus den 50ern auf Weltempfang zu gehen.

So finden Sie sich auf Mittelwelle zurecht

Bevor Sie an den Empfang seltener überseeischer Rundfunkdienste gehen, sollten Sie sich erst einmal mit dem Mittelwellenbereich selbst vertraut machen. Verzichten Sie am besten einige Abende auf das Fernsehprogramm und versuchen Sie, die europäischen Stationen im 9-kHz-Raster der Mittelwelle zu bestimmen. Als Orientierungs- und Identifikationshilfe dient dabei die Mittelwellen-Frequenzliste im Jahrbuch „Sender & Frequenzen". Die jeweils am besten empfangbaren Stationen stehen an erster Stelle, die möglichen anderen Sender folgen.

Dieses 9-kHz-Frequenzraster gilt nur für die europäischen Mittelwellensender. Die amerikanischen Stationen senden in einem Abstand von 10 kHz von 540 bis 1600 kHz. Für den MW-DXer ist das natürlich günstig, so kann man zum Beispiel noch am ehesten einen amerikanischen Sender empfangen, der genau zwischen zwei europäischen Sendern zu finden ist.

Empfangstips für Mittelwellen-DX

Mit der Frequenzliste und den Hinweisen im Jahrbuch „Sender & Frequenzen", das sie als Grundlage für die MW-Wellenjagd benutzen sollten, finden Sie sicherlich einen guten Einstieg ins Mittelwellen-DX, wenn Sie die vorangegangenen Ausführungen beachtet haben.

Wir wollen nun hier auf die wirklich reizvollen und interessanten Empfangsmöglichkeiten für schon etwas fortgeschrittenere MW-DXer eingehen und echte Übersee-DX-Tips geben. Nach Frequenzen geordnet finden Sie nun eine Liste der meistgehörten amerikanischen MW-Sender, versehen mit typischen Merkmalen und Hinweisen zu den besten Empfangschancen.

590 kHz VOCM, St. John's (Neufundland), Kanada

610 kHz CKYQ, Grand Bank, Kanada, gelegentlich relativ schwach morgens nach 0200 Uhr UTC zu empfangen (gleiches Programm wie CJYQ auf 930 kHz).

750 kHz CBGY, Bonavista Bay (Neufundland), Kanada

770 kHz Radio WABC aus New York, USA, gehört zur bekannten ABC-Network und bringt viel Nachrichtensendungen und Talkshows. Leider sind die Empfangsmöglichkeiten nicht so gut.

| 825 kHz | Radio Paradise von der Karibikinsel St. Kitts bringt religiöse, englischsprachige Sendungen und ist bei guten MW-Bedingungen am besten kurz nach Mitternacht zu hören. |  |

850 kHz WHDH Boston, USA

860 kHz CBH, Halifax, Kanada (dieser Sender soll leider stillgelegt werden) Radio Mundial, Rio de Janeiro, Brasilien, ist zwar lange nicht so oft und so gut zu hören wie Radio Globo auf 1220 kHz, Versuche lohnen sich aber – nicht zuletzt wegen der mitreißenden brasilianischen Musik ...

930 kHz Radio CJYQ aus St. John's (Neufundland) ist der am besten zu hörende Kanadier und kann ziemlich regelmäßig nach Mitternacht empfangen werden. Der Sender meldet sich mit dem Slogan „Q-93, Rock of Newfoundland" und bringt viel Rock & Popmusik.
Radio Antilles, ein kommerzieller Sender auf der Karibikinsel Montserrat, kann bei guten Bedingungen mit englischsprachigen Sendungen gehört werden in der Zeit von 2330 bis 0030 Uhr UTC – falls CJKY nicht stärker ist.

WABC MUSICRADIO 77 ⓐⓑⓒ
1330 AVENUE OF THE AMERICAS, NEW YORK, NEW YORK 10019

This is to verify that you were listening to WABC 770 KC

TIME: _____01.23 – 01.45 UTC_____ DATE: _____13 December 1983_____

TRANSMITTER LOCATION: Lodi, New Jersey

POWER: 50 KW Non-Directional–Gates MW–50/GE HI Level

TOWER HEIGHT: 648 ft.

Many thanks for your communication.

940 kHz	Radio Jornal do Brasil, Rio de Janeiro, Brasilien, bringt viele Nachrichtensendungen und ist gelegentlich zu empfangen. Auf der gleichen Frequenz sendet auch Radio CBM aus Montreal, Kanada.
950 kHz	Radio Vision 950, Caracas, Venezuela, ist öfters einmal zu empfangen, wenn die Ausbreitungsbedingungen einigermaßen günstig sind und kanadische Sender, z.b. Radio CHER, nicht zu sehr stören.
1010 kHz	Radio WINS aus New York, USA, ist mit Nachrichten und Informationen unter dem Titel „All news all the time" zu hören, wenn die Störungen durch andere Sender nicht zu stark sind. Radio CFRB, Toronto, Kanada
1030 kHz	Radio WBZ aus Boston, USA, ist wegen der ausschließlichen Wortbeiträge, Diskussionen und Interviews ziemlich langweilig, kommt aber häufig brauchbar herein.
1050 kHz	Radio WSKQ aus New York, USA, kommt nach Sendeschluß des BBC-Senders auf 1053 kHz relativ oft und gut mit viel amerikanischer Country-Musik durch.
1070 kHz	Radio CBA, Moncton, Kanada
1100 kHz	Radio Globo aus Sao Paulo, Brasilien
1130 kHz	Radio WNEW, New York, USA
1200 kHz	Radio CFGO, Ottawa, Kanada
1210 kHz	Auf dieser Frequenz kommen mehrere hochinteressante Sender herein (wenn Sie Glück haben), z.B.: Radio WCAU aus Philadelphia, USA, bringt viele Informationssendungen und Hörspiele, gemixt mit zahlreichen Werbespots. Radio Caribbean von der Karibik-Insel St. Lucia (Dominica) konnte bei guten Bedingungen mit einem überwiegend französischsprachigen Programm gehört werden. Ob dieser Sender zur Zeit eingesetzt wird, ist unklar.

1220 kHz Radio Globo, Rio de Janeiro, Brasilien, ist einer der am meisten gehörten MW-Sender aus (Süd-)Amerika. Am besten im Sommer, aber durchaus auch zu den anderen Jahreszeiten ist Radio Globo fast jede Nacht zu hören. Es überwiegen die Sportreportagen – vor allem Fußball.
Radio CKCW, Moncton, Kanada, bringt viel flotte Poprhythmen. Der Empfang ist schwierig wegen Radio Globo auf der gleichen Frequenz und wegen Bulgarien auf 1224 kHz.

 CKCW • RADIO
P.O. BOX 1220, MONCTON, N.B.

1280 kHz Radio Tupi aus Rio de Janeiro, Brasilien, ist ab etwa 0200 Uhr UTC öfters brauchbar zu empfangen.

1470 kHz Radio Vibracion, Carupano, Venezuela, ist auch etwas für Freunde lateinamerikanischer Musik, obwohl der gar nicht so exotische ORF Wien auf 1476 kHz ziemlich stört.

1510 kHz Radio WKKU (früher: WMRE) aus Boston, USA, ist regelmäßig zu hören. Steht das Programm noch unter dem Motto „Music of Your Life"?

1560 kHz Radio WQXR aus New York, USA, bringt für amerikanische Verhältnisse untypische Sendungen mit klassischer Musik, aber leider lassen die Störungen keinen Hörgenuß hier bei uns zu.

1570 kHz Radio CKLM, Laval, Kanada

1610 kHz Carribbean Beacon, Anguilla (Karibik), sendet überwiegend religiöse Programme (nicht zu verwechseln mit Radio Vaticana auf 1611 kHz). Beste Empfangschancen haben Sie im Winter/Frühjahr zwischen 0000 und 0200 Uhr UTC, bei guten Bedingungen. Leider stören holländische Piratensender den Empfang ziemlich stark...

Amateurfunk

Kurzwellenhören, der Empfang von Rundfunksendern aus aller Welt, und das DXen, das spezielle Jagen nach allen möglichen Sendern, ist längst ein eigenständiges Hobby geworden. Doch wird von Außenstehenden immer wieder angenommen, dies alles sei „nur" eine Vorstufe zum eigentlich Höchsten, dem Sendebetrieb mit eigener Funkstation, dem Amateurfunk.

Die Mehrzahl der Kurzwellenhörer hat mit dem Amateurfunk nichts im Sinn. Wer sich aber auch als Wellenjäger sieht, immer auf der Jagd nach neuen Sendern, nach neuen, mit QSL-Karten bestätigten Ländern, für den dürfte es interessant sein, sich mit dem Empfang von Amateurfunkstationen als Spezialgebiet zu befassen. Der Amateurfunk allein bietet die Möglichkeit, die letzten Winkel der Welt in den Empfänger zu holen.

Wenn Sie mit etwas Glück und Geduld auch einmal einen Amateurfunker von der Osterinsel oder den Pitcairn-Inseln, aus Hongkong, Bahrain, Bhutan, Guam, Alaska oder Guadeloupe empfangen wollen, dürfte Ihnen diese Einführung in den Amateurfunk-Empfang brauchbare Informationen geben!

Die Pioniere der Funktechnik

Zu Beginn unseres Jahrhunderts war die offizielle Lehrmeinung, daß mit den Funkwellen oberhalb der Frequenz von 1500 kHz (oberhalb der heutigen Mittelwelle) nichts anzufangen sei. Auf den Frequenzen bis 1500 kHz tummelten sich bereits zahlreiche Funkstationen, aber die nutzlosen Frequenzen darüber überließ man den Funkamateuren. Die waren zunächst auch nicht schlauer als die Gelehrten und Sendeprofis. In den USA wurden damals große Entfernungen mit Hilfe von Relaissendern überwunden. Daher rührt auch der Name der amerikanischen Amateurfunker-Vereinigung: American Radio Relay League.

Einige führende Amateurfunker waren allerdings hartnäckig von der Idee besessen, den Atlantischen Ozean mit Funksignalen zu überbrücken. In den Jahren 1921/22 gelang es erstmals, Sendungen aus Amerika in Europa zu empfangen und umgekehrt. Eine echte, gegenseitige Funkverbindung, eine Unterhaltung im Morsecode, rückte in greifbare Nähe. Im November 1923 gelang es dann zum ersten Mal, eine drahtlose Funkverbindung zwischen einer Amateurfunkstation in den USA und in Frankreich im Kurzwellenbereich herzustellen.

Dieser historische Durchbruch eröffnete den Siegeszug der Kurzwelle. Verbindungen zwischen allen Kontinenten wurden möglich. Das gesamte Kurzwellenspektrum wurde ausprobiert. Bald hatte man heraus, daß mit den niederfrequenten Kurzwellen nur nachts wirklich große Entfernungen zu überbrücken waren, während es aber mit höherfrequenten Wellen auch tagsüber zu weltweiten Verbindungen kam.

Die ungeahnten Möglichkeiten des weltweiten Funkverkehrs brachten natürlich alsbald zahlreiche private, kommerzielle und staatliche Interessenten auf die Idee, am Kurzwellenfunk teilhaben zu wollen. Das Wellenchaos war perfekt. Auf internationalen Wellenkonferenzen wurden die Kurzwellenbereiche aufgeteilt und jeder Interessentengruppe Frequenzbänder zugeteilt. So entstanden auch die heute bekannten Rundfunk-Kurzwellenbänder, wie z.b. das 49-Meterband.

Die Amateurfunk-Bereiche

Den Amateurfunkern, die vorher ohne Beschränkung auf allen Frequenzen über 1500 kHz senden durften, wurden nun bestimmte Amateurfunkbereiche zugewiesen:

Amateurfunkbereiche auf Kurzwelle

80-m-Band:	3.500 – 3.800 kHz
40-m-Band:	7.000 – 7.100 kHz
20-m-Band:	14.000 – 14.350 kHz
15-m-Band:	21.000 – 21.450 kHz
10-m-Band:	28.000 – 29.700 kHz

Zusätzlich gibt es für Amateurfunker auch noch andere Funkbereiche außerhalb der Kurzwelle, die hier aber, ebenso wie kleine Unterschiede in anderen Erdregionen, nicht interessieren.

Betriebsarten im Amateurfunk

Die Amateurfunker senden hauptsächlich entweder in der Betriebsart Telegrafie (Morsen – CW) oder Telefonie (Sprechen). Um Telegrafie empfangen und verstehen zu können, müssen Sie das Morsealphabet beherrschen oder sich die modernen Einrichtungen der Elektronik zu Nutzen machen, um das Telegrafie-Gepiepse auf einem Bildschirm als Text sichtbar zu machen. Hinweise auf geeignete Geräte finden Sie im Artikel über RTTY-Empfang, die dort erwähnten Konverter können in der Regel auch CW-Signale dekodieren.

Wir wollen uns hier mit dem Sprechfunk-Empfang beschäftigen. Die Amateurfunker bedienen sich fast nur noch der Einseitenbandmodulation (Single Side Band – SSB). Die Amplitudenmodulation (AM), wie beim KW-Rundfunk üblich, wird nur noch selten angewandt.

Was ist SSB?

Kurz etwas zur Einseitenbandmodulation (SSB) für die technisch interessierten Leser:
Bei Amplitudenmodulation strahlt der Sender die eigentliche Trägerfrequenz mit dem oberen und dem unteren Seitenband aus. Jedes Seitenband enthält für sich die komplette Information. Bei der Einseitenbandmodulation wird der Träger und ein Seitenband im Sender unterdrückt. Der Empfänger muß dann den Träger wieder hinzumischen, und zwar mit Hilfe des Zwischenfrequenzoszillators (Beat Frequency Oscillator – BFO), um dann demodulieren zu können. Vorteil des Verfahrens ist der, daß man einerseits Sendeenergie spart für den Träger und für das unnütze zweite Sendeband, und andererseits nur etwa die halbe Bandbreite benötigt. Als Nachteile müssen die aufwendigere Technik und die schwierigere Einstellung genannt werden.

Empfänger und Empfangspraxis

Um also Amateurfunker hören zu können, muß Ihr Empfangsgerät für den SSB-Empfang gerüstet sein und einen variablen BFO oder einen Produktdetektor haben. Viele Kurzwellenempfänger sind heute SSB-tauglich. Zur Einstellpraxis: Sie stellen einen Sender mit der Hauptskala ein und hören zunächst eine Art Mickey-Mouse-Gequake. Dann drehen Sie behutsam am BFO, bis das Signal klar zu verstehen ist. Moderne Empfänger mit Produktdetektor verlangen nur noch die Wahl zwischen oberem (Upper Side Band – USB) und unterem Seitenband (Lower Side Band – LSB) und eine Feineinstellung auf den Sender. Die Amateurfunker senden unter 10 MHz (80 und 40 mB) im unteren und über 10 MHz (20, 15, 10 mB) im oberen Seitenband.

Wir haben uns nun eine Amateurfunkstation herausgefischt und hören mitten in ein Gespräch hinein oder wir hören den Ruf eines Funkers auf der Suche nach einer Verbindung. Bei einem Funkverkehr zwischen zwei Stationen kann es sein, daß Sie nur eine Station hören. Die zweite Station liegt oft weit entfernt in einer ganz anderen Richtung, wobei dann zu Ihnen hin völlig unterschiedliche Empfangsbedingungen herrschen.

Die Rufzeichen der Funkamateure

Was ist das für ein Sender? In welchem Land sitzt der Funker? Jeder Amateurfunkstation wird von der zuständigen Funkverwaltung aufgrund internationaler Abkommen und nationaler Regelungen ein bestimmtes einmaliges Rufzeichen zugewiesen (auch Call genannt). Dieses Rufzeichen besteht aus einer Buchstaben-Zahlen-Kombination und wird in Präfix und Suffix gegliedert. Der Präfix bezeichnet das Land und eventuell die genaue Lage, der Suffix ist eine fortlaufende Numerierung.

Die bundesdeutschen Amateurfunk-Rufzeichen beginnen mit dem Präfix DA, DB, DC, DD, DF, DG, DJ, DK oder DL. Ein komplettes Rufzeichen könnte lauten DC3AB oder DL1XYZ.

Zur Veranschaulichung hier einige Präfix-Beispiele aus aller Welt:

OZ...	Dänemark	JA...	Japan
EA6...	Balearen	VK...	Australien
F...	Frankreich	SU...	Ägypten
3A...	Monaco	5Z...	Kenia
OE...	Österreich	PY...	Brasilien
HA...	Ungarn	HK...	Kolumbien
UB...	UdSSR (Ukraine)	8P...	Barbados
SV...	Griechenland	KL7...	Alaska
9K...	Kuwait	KH6...	Hawaii

Die internationale Präfix-Liste mit den Landeskennern aller Amateurfunkländer und -gebiete ist sehr umfangreich. Wer sich dafür interessiert, mag bitte in ein Amateurfunkbuch schauen (z.B. „Jahrbuch für den Funkamateur").

Das Rufzeichen muß auch nicht immer aus zwei Buchstaben, einer Zahl und wieder zwei Buchstaben bestehen, sondern kann auch anders aussehen.

Die Rufzeichen aller Amateurfunkstationen sind in zwei Büchern zusammengefaßt, den Callbooks. Im ersten sind nur die Funkamateure der USA verzeichnet. Im zweiten Callbook sind die Funker der „übrigen Welt" aufgeführt. In beiden Büchern finden sich alle Rufzeichen der Welt alphabetisch geordnet und mit Name und Anschrift des betreffenden Amateurs versehen.

Außerdem geben die nationalen Funkverwaltungen auch Verzeichnisse heraus. So gibt es von der Bundespost das Verzeichnis aller Amateurfunkstellen in der BRD.

ANTARCTICA
GALINDEZ ISLAND

VP8NP

Op. IAN BATEMAN
EX G3ZKH

65°S 64° W

ARCHIPEL DES KERGUELEN

FB8XX

Latitude 49°20' Sud
Longitude 70°13' Est

SEYCHELLES
INDIAN OCEAN

S 7 9 P

ALSO KL7HSY   EX VQ9P

BOX 191, VICTORIA, MAHE
OR
FORD BOX 223
APO N Y, N Y 09030

10-10 #9804

DICK PAGENDA1

REPUBLIQUE ISLAMIQUE DE MAURITANIE

ROMANO ZANOTTI EX TJ1AS
BP 202 NOUAKCHOTT

PHIL WILLIAMS
BOX 1069
APIA
WESTERN SAMOA.

5W1AU

Die Amateurfunk-Sprache – CQ, QRX & Co.

Zurück zu dem von uns gehörten Amateurfunkgespräch. Wir wissen also aufgrund der Rufzeichen, welche Amateurfunkstellen miteinander in Verbindung sind.

Bei den abgehörten Gesprächen wird auffallen, daß sich die Funker überwiegend einer Sprache aus Abkürzungen bedienen. Diese Abkürzungen haben ihren Ursprung in den Anfängen des Funkverkehrs, als man nur Telegrafie-Verbindungen kannte. Statt Klartext wurden für häufig wiederkehrende Bezeichnungen und Wörter Abkürzungen definiert, bekannt unter dem Begriff Q-Gruppen:

Die wichtigsten und im Funkverkehr gebräuchlichsten Q-Gruppen sollen kurz vorgestellt werden:

QRA	Name der Funkstelle	QRV	bin bereit
QRG	genaue Frequenz	QRZ	wer ruft?
QRK	Verständlichkeit	QSL	Empfangsbestätigung
QRL	bin beschäftigt	QSO	Verkehr, Gespräch
QRM	Störungen	QST	Rundspruch
QRN	atmosphärische QRM	QTH	Standort
QRT	Ende	QTR	Uhrzeit

Darüber hinaus gibt es noch eine Vielzahl weiterer funkbetrieblicher Abkürzungen, von denen hier einige als Beispiele vorgestellt werden:

CQ	Allgemeiner Anruf	RX	Empfänger
Call	Rufzeichen	SWL	Hörer
CW	Telegrafie	TX	Sender
DX	große Entfernung	UFB	ausgezeichnet
Ham	Sendeamateur	XYL	Ehefrau
Mike	Mikrofon	55	viel Erfolg!
Log	Logbuch	73	viele Grüße!

Eine komplette Übersicht über alle Abkürzungen, die im täglichen Funkgeschehen auftauchen können gibt das Buch „CQ, QRX & Co. – Abkürzungen und Codes im Funkverkehr" (siehe Leserservice).

So bekommt man QSL-Karten von Funkamateuren

Kommen wir zum springenden Punkt für den KW-Wellenjäger: der Exoten-QSL-Karte. Die Amateurfunker tauschen für Ihre Verbindungen gegenseitig QSL-Karten aus. Auch als Nur-Hörer kann man von den Stationen eine QSL-Karte erhalten, als Bestätigung für die Hörleistung. Man muß aber dem Amateurfunker eine Hör-QSL, also einen Empfangsbericht schicken.

Der Amateurfunker erwartet als Bericht eine QSL-Karte. Es ist unbedingt notwendig, die übliche Form einzuhalten. Eigene QSL-Karten kann man sich bei örtlichen Druckereien oder besser beim QSL-Karten-Fachmann drucken lassen.

Eine QSL-Karte muß folgende Angaben enthalten: Rufzeichen der gehörten Station und der Partnerstation, Datum, Uhrzeit (UTC), Frequenz und Meterband, Empfangsbewertung im R/S-Code und natürlich die Beschreibung der Empfangsanlage und Absenderanschrift.

Man kann nun diese QSL direkt an die Station schicken. Wer allerdings keinen selbstadressierten Rückumschlag (SAE – self adressed envelope) und ein oder zwei Internationale Antwortscheine (IRC – International Reply Coupon, erhältlich beim Postamt, hat den Wert eines normalen Auslandsbriefportos) beilegt, braucht auf Antwort nicht zu warten. Die Adressen entnimmt man dem Callbook, das vielleicht ein in der Nähe wohnender Amateur ausleiht. Seltene Stationen und DX-Expeditionen haben einen QSL-Manager, der die Bestätigung übernimmt, ggf. also dorthin die Berichte schicken.

Die Rücklaufquote für solche QSL-Berichte ist recht groß, obwohl einige wenige Amateurfunker grundsätzlich keine Berichte nicht-lizenzierter Hörer beantworten. Das ist aber selten.

Sinnvoll ist es, einem Amateurfunkverband beizutreten. Der Deutsche Amateur Radio Club bietet z.B. die Möglichkeit, nach einer kleinen Prüfung eine sogenannte DE-Nummer zu erwerben. Die DE-Nummer ist eine Art Rufzeichen für den Nur-Hörer. Damit hat man die Möglichkeit, an der clubeigenen QSL-Vermittlung teilzunehmen, spart viel Geld für das Porto und erhöht die Rücklaufquote.

Der DARC gibt auch die Amateurfunk-Zeitschrift „cq-DL" heraus. Interessenten wenden sich wegen weiterer Informationen bitte direkt an den DARC (alle Adressen am Ende dieses Artikels).

Wie findet man die exotischen Funkamateure?

Nachdem man sich eine Zeit lang an die Betriebstechnik der Funkamateure gewöhnt und sicherlich viele gut hörbare Stationen aus ganz Europa und Nordamerika empfangen hat, interessiert man sich dann doch mehr für die wirklich exotischen Amateurfunkstationen, für das echte Amateurfunk-DX.

Seltene DX-Stationen und vor allem auch DXpeditionen bevorzugen bestimmte Frequenzen, z.B. 3795, 7095, 14195 und 21295 kHz. Wenn man nicht dem Zufall vertrauen möchte, kann man sich auch spezielle DX-Informationen zunutze machen. So strahlt zum Beispiel der DARC wöchentlich einen DX-Rundspruch aus (jeden Freitag gegen 1700 Uhr UTC auf etwa 3745 kHz unter dem Rufzeichen DK0DX), in dem Hinweise auf gerade arbeitende DX-Amateurfunkstationen gegeben werden. Diese Tips kann man auch gedruckt im Abonnement erhalten. Viele Informationen über Amateurfunk-DX beinhalten auch die Zeitschriften „beam" und „cq-DL" (alle Adressen am Ende dieses Artikels).

Es gibt auch eine ganze Reihe sogenannter DX-Netze – da verabreden sich Gruppen von meist exotischen Funkamateuren (DX-Stationen) zu bestimmten Zeiten auf bestimmten Frequenzen. Solche DX-Netze, von denen zum Beispiel das Pacific-Net eines der bekanntesten ist, stellen eine ausgezeichnete Möglichkeit dar, gleich eine ganze Reihe von äußerst interessanten Rufzeichen hören zu können. Einen guten Überblick gibt die Liste „DX-Nets around the World" von Dieter Konrad, OE2DYL, welche die Sendepläne und Informationen über sämtliche DX-Netze enthält.

Amateurfunk-Diplome

Für Diplom-Jäger ist der Amateurfunk besonders interessant, weil es unzählige Amateurfunk-Diplome aus der ganzen Welt zu erwerben gibt. Es geht oft darum, bestimmte Stationen aus einer Stadt, einem Land, einem Bereich, einem Längengrad, einem Club oder ähnliches zu hören und per QSL-Karte bestätigt zu haben. Die Diplome gibt's oft für wenig Geld und sie schmücken die eigene Funkbude wirkungsvoll. Ausschreibungen und Hinweise entnehme man den Fachzeitschriften.

Sie wollen selbst als Funkamateur senden?

Und wer durch das Hören Spaß am Amateurfunk gewonnen hat und selbst unter die aktiven Funker gehen möchte – so schwer ist das nicht. In Deutschland muß man dazu eine Prüfung vor der Deutschen Bundespost Telekom ablegen, in der grundlegende technische und betriebliche Kenntnisse abgefragt werden und Morsefähigkeiten geprüft werden. Hilfe geben die örtlichen Verbände des Deutschen Amateur Radio Clubs (DARC). Empfehlenswert ist es auch, die Amateurfunk-Lizenz über einen Fernlehrgang zu erwerben.

Weitere Informationen

Zur weiteren Information muß natürlich auf die Adresse des Deutschen Amateur Radio Clubs (DARC) e.V. hingewiesen werden:

DARC e.V.
Amateurfunk-Zentrum
Postfach 1155
D-3501 Baunatal
Tel. (05 61) 49 20 04

Der DARC unterhält zahlreiche Ortsverbände, in denen man Amataurfunker kennenlernen kann. Oft werden dort auch Kurse veranstaltet. Der DARC gibt die Clubzeitschrift „cq-DL" heraus. Weitere Informationen werden auf Anfrage gern zugeschickt.

Eine vereinsunabhängige Amateurfunk-Zeitschrift, die es auch im Zeitschriftenhandel zu kaufen gibt, ist „beam". Ein Probeexemplar verschickt gegen Rückporto:
beam-verlag, Postfach 1148, 3550 Marburg.

Kontaktadresse für die schriftlichen Informationen des deutschen DARC-DX-Rundspruches (DX-Mitteilungsblatt) ist:
Erich Wagner, DL1LD, Flurweg 23, 4444 Bentheim 1.

Die Liste „DX-Nets around the World" gibt es gegen Einsendung von vier Internationalen Antwortscheinen (IRCs – beim Postamt) von:
Dieter Konrad, OE2DYL, Bessarabierstr. 39, A-5020 Salzburg.

Das „Callbook" (2 Bände mit allen Adressen der Funkamateure in aller Welt) ist beim DARC-Verlag (Adresse wie DARC) erhältlich. Dort gibt es auch ein Verzeichnis weiterer Amateurfunk-Literatur.

Amateurfunk-Fernlehrgänge werden z.b. angeboten von:
Fernschule Bremen, Abt. 1–228, Emil-von Behring-Str. 6, 2800 Bremen 34, die weitere Informationen auf Anfrage verschickt.

Unsere Leser in Österreich wenden sich bitte in allen Amateurfunkfragen an:

Österreichischer Versuchssenderverband (ÖVSV),
A-1014 Wien, Naglerstr. 11, Postfach 999.

Und unsere Leser in der Schweiz wenden sich bitte in allen Amateurfunkfragen an:

Union Schweizerischer Kurzwellen-Amateure (USKA),
Postfach 9, CH-4511 Rumisberg.

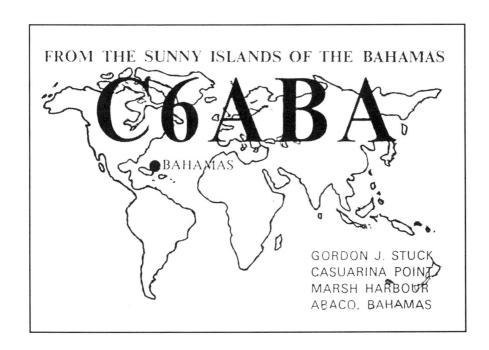

FROM THE SUNNY ISLANDS OF THE BAHAMAS
C6ABA
BAHAMAS

GORDON J. STUCK
CASUARINA POINT
MARSH HARBOUR
ABACO. BAHAMAS

Morse-Telegrafie (CW)

Während sich unsere Urahnen der Vorzeit mit akustischen Signalen wie Trommeln oder mit optischen Signalen wie Licht- oder Rauchzeichen über größere Entfernungen verständigten, ermöglichte die Entwicklung der Elektrotechnik im 19. Jahrhundert die drahtgebundene und später die drahtlose Nachrichtenübermittlung über wirklich große Entfernungen.

Napoleon hat einen Teil seiner Erfolge dem optischen Zeigertelegraphen zu verdanken, mit dem ganze Nachrichtenlinien bis weit in die besetzten Gebiete aufgebaut wurden.

Als die USA eine solche optische Telegraphenlinie zwischen New Orleans und New York aufbauen wollten – mit immerhin 65 Relaisstationen –, trat der Wissenschaftler Samuel Morse mit seinem elektrischen Telgraphensystem an die Öffentlichkeit. Er bewies, daß dieses System schneller, personalsparender und unabhängig von Tageszeit, Licht und Witterungsverhältnissen ist. Sein Verfahren, das mittels Kombination elektrischer Impulse auf der Empfangsseite durch einen Schreibstift eine Zackenschrift entstehen ließ, wurde samt der Relaisschaltung 1840 durch ein Patent geschützt. Der Durchbruch gelang aber erst 1844, als Samuel Morse über eine 64 km lange Leitung zwischen Baltimore und dem Capitol in Washington vor dem amerikanischen Präsidenten sein Morsesystem vorstellte. Danach verbreiteten sich die Morse-Telegraphen über ganz Amerika.

Und bereits 1866 wurde über ein transatlantisches Telegraphenkabel eine Telegraphieverbindung zwischen den Kontinenten aufgebaut. Morse wollte ursprünglich nur Ziffergruppen mit bestimmter Bedeutung übertragen. Der Hamburger Telegrapheninspektor Gerke entwickelte aber ein richtiges Telegraphenalphabet, welches von der 1865 gegründeten ITU (damals International Telegraph Union) übernommen und wegen Morses Verdiensten um die Telegraphie Morsealphabet genannt wurde.

Wenngleich auch die technische Entwicklung die Übertragung von Sprache, Fernsehen und modernen Telegraphiesignalen (Fernschreiben) möglich macht, lassen doch die Vorteile des Morsens die althergebrachte Telegraphieart nicht aussterben.

Die Einfachheit und Betriebssicherheit der Morsetelegraphie ist unerreicht. Die Morsetelegraphie benötigt nur einen Bruchteil der Sendeenergie eines Telephoniesenders, ist aber gleichzeitig wesentlich weniger störanfällig und auch auf sehr große Entfernungen unter erheblichen Störungen von einem geübten Ohr herauszuhören und zu verstehen. Beim Versagen anderer Übertragungsmöglichkeiten ist letztlich nur noch auf die Morsetelegraphie Verlaß. Daher verlangt auch der Internationale Fernmeldevertrag in der Vollzugsordnung Funk Telegraphiekenntnisse von jedem, der eine Sendegenehmigung für Fernverkehrsfrequenzen erhält, für Berufsfunker ebenso wie für Amateure.

Außerdem ermöglicht die Morsetelegraphie wegen der zahlreichen Abkürzungen und Codes eine Unterhaltung und Nachrichtenübermittlung zwischen Menschen, die ganz unterschiedliche Sprachen sprechen und sich sonst nie unterhalten könnten.

Morsen wird übrigens in der Funkersprache mit CW abgekürzt. CW heißt „continous wave", da es sich in dieser Betriebsart in der Regel um einen getasteten Träger handelt. Das Morsen kann man mit etwas Zeitaufwand, Übung und Beharrlichkeit erlernen. Es gibt Kurse auf Schallplatten und Tonband. An zahlreichen Orten veranstaltet der Deutsche Amateur Radio Club Morselehrgänge.

Wer allerdings keine Sendelizenz beantragen will, sondern als KW-Hörer lediglich Morsezeichen empfangen und verstehen möchte, kann sich auch der modernen Elektronik bedienen und durch Konverter die empfangenen Morsezeichen als Text auf einem Bildschirm sichtbar machen und ablesen. Die meisten der im nächsten Kapitel beschriebenen RTTY-Konverter haben eine Einrichtung zur CW-Dekodierung.

Morsekurse über Funk werden zum Beispiel vom Deutschen Amateur Radio Club (DARC) ausgestrahlt. Morsekurse auf Tonband oder Schallplatten gibt es beim DARC oder z.B. bei der Fernschule in Bremen (Adressen finden Sie am Ende des vorangegangenen Kapitels).

Nachtrag:
Trotz ihrer Betriebssicherheit wird die Morse-Telegraphie wohl schon bald zu den antiquierten Techniken gehören. Die kommerziellen Anwender, z.B. der Seefunkdienst, steigen auf vollautomatische (Satelliten-) Kommunikationsanlagen um, die auch besonderes Funkpersonal überflüssig machen. Funkromantik ade ...

Funkfernschreiben (RTTY)

Um Funkfernschreiben (RTTY = Radio Teletype) verständlich zu machen, müssen wir erst einmal die Entwicklung der Fernschreibtechnik erklären, die im vorigen Jahrhundert zunächst mit der Morse-Telegrafie begann, wie Sie es im vorangegangenen Kapitel lesen konnten.

Bei der Morse-Telegrafie war es lediglich möglich, die Strich-Punkt-Zeichen auf einen Papierstreifen zu bringen. Nur Eingeweihte können dann relativ mühsam den Text oder die Nachricht lesen.

Es entstand der Wunsch, ganz normale Zeichen, Buchstaben und Zahlen zu übertragen, die jedermann sofort lesen kann. Mitte des vorigen Jahrhunderts wurden dann die ersten Schreibmaschinen-Telegrafen vorgestellt – hauptsächlich zur Übertragung von Börsenkursen. Daraus entwickelten sich die heute noch bekannten elektrisch-mechanischen Fernschreibmaschinen.

Baudot-Code (CCITT Nr. 2), Mark und Space

Die Zeichen, also Buchstaben, Zahlen und Sonderzeichen, werden beim normalen Fernschreiben (Telex) in einen Code umgewandelt, der aus fünf Binärzeichen (Bit) besteht. Jedes Bit nimmt entweder den Zustand „Strom an" („1" bzw. „Mark") oder „Strom aus" („0" bzw. „Space") an. So wird beispielsweise der Buchstabe „D" durch die Bitfolge „10110" dargestellt.

Bei diesem sogenannten 5er-Code ergeben sich 32 verschiedene Kombinationsmöglichkeiten, d.h. man kann 32 verschiedene Zeichen übertragen. Nun ist aber die Anzahl aller Buchstaben, Zahlen und Sonderzeichen größer als 32. Deshalb bedient man sich eines Tricks: Man unterscheidet beim Fernschreiben zwischen zwei Zuständen, zum einen „Buchstaben" und zum anderen „Zahlen und Sonderzeichen". Zwischen beiden Zuständen wird mit einem Sonderzeichen umgeschaltet. Damit lassen sich dann doppelt soviele verschiedene Zeichen übertragen.

Dieser 5er-Code wurde nach seinem Erfinder, Jean-Maurice-Emilie Baudot, Baudot-Code benannt. Der Baudot-Code wurde bereits 1924 von der CCITT als „Internationales Telegrafenalphabet Nr. 2" festgelegt und trägt heute die ITU-Bezeichnung „CCITT-Code Nr. 2".

78

Fernschreib-Geschwindigkeit (Baud)

Ein wichtiges Merkmal der Fernschreibübertragung ist die Geschwindigkeit, die in „Baud" (Bd) gemessen wird. Die Baud-Zahl gibt an, wieviel Bit pro Sekunde übertragen werden. Zunächst wurde in den USA mit der krummen Standard-Geschwindigkeit von 45.45 Bd gearbeitet. Mit dieser Geschwindigkeit senden heute auch noch viele Funkamateure. Ansonsten wird heute bei den professionellen Anwendern mit 50 Baud (Telex), 75 Baud oder 100 Baud gearbeitet. Damit können etwa 300 bis 600 Zeichen pro Minute übertragen werden. Diese Angaben gelten zunächst nur für Übertragungen im Baudot-Code.

Mark, Space und Shift-Frequenzen

Zunächst wurden Fernschreiben nur über Leitungen von einem zum anderen Fernschreiber übermittelt. Mit Aufkommen der drahtlosen Nachrichtentechnik wurden dann auch schon bald die ersten Fernschreiben per Funk übermittelt. Dazu braucht man im Prinzip nur einen Sender, den man ein- oder ausschaltet (Strom an/Strom aus), wegen der Störanfälligkeit bedient man sich aber der Frequenzumtastung. Dabei werden vom dauernd eingeschalteten Sender zwei verschiedene Töne (Frequenzen) ausgestrahlt. Die eine Frequenz bedeutet dabei Mark, die andere Space. Den Unterschied zwischen beiden Frequenzen (Frequenzhub) nennt man Shift – er beträgt 170, 425 oder 850 Hz.

Code-Tabelle (Baudot-Code):

| Zeichenreihe → | - | ? | : | + | 3 | | 8 | Ω | (|) | . | , | 9 | 0 | 1 | 4 | ' | 5 | 7 | = | 2 | / | 6 | . | | | | | | | | | | |
Buchstabenreihe →	A	B	C	D	E	F	G	H	I	J	K	L	M	N	O	P	Q	R	S	T	U	V	W	X	Y	Z	<	≡	A	1.	ZWR	RQ	α	β
5er-Schrittgruppe (ITA Nr. 2) 1	●	●		●	●	●				●	●						●		●		●		●	●	●	●			●	●				
2	●		●				●		●	●	●	●				●	●	●			●	●	●					●	●	●				
3			●			●		●	●		●		●	●		●	●		●		●	●		●	●				●		●			
4		●	●	●		●	●			●	●		●	●	●			●				●		●			●		●	●				
5		●					●	●				●	●		●	●	●			●		●	●	●	●	●			●	●				
7er-Schrittgruppe (ITA Nr. 3) 1			●			●	●	●		●	●	●	●	●			●	●		●			●	●		●			●	●			●	●
2				●			●		●		●		●		●			●	●		●			●	●					●			●	●
3	●	●		●	●	●			●	●				●	●								●	●		●				●			●	●
4	●	●	●	●	●					●							●						●	●	●				●				●	●
5	●	●		●	●						●	●	●				●	●	●		●	●			●	●			●	●			●	●
6	●					●		●	●		●	●	●	●				●	●	●	●					●	●	●						
7	●			●	●	●		●	●	●		●	●				●	●		●	●	●	●	●				●						

☐ Space   A... Buchstabenumschaltung

⦿ Mark   1... Ziffernumschaltung   ☐ Sonderzeichen

< Wagenrücklauf   ZWR Zwischenraum   ✛ Wer da ?

≡ Zeilenvorschub   RQ Rückfrage   ♫ Klingel

Code-Tabelle für den 5er-Baudot-Code (CCITT Nr. 2)
und für den im ARQ-Verfahren verwendeten 7er-Code

ASCII-Code

Als Verbesserung entstand der sogenannte ASCII-Code (ASCII ist die Abkürzung für „American Standard Code for Information Interchange". Das ist ein 7-Bit-Code, der mit 128 verschiedenen Kombinationsmöglichkeiten alle Buchstaben in Groß- und Kleinschreibung, alle Zahlen und Sonderzeichen darzustellen vermag.

Zudem kann der 7-Bit-Code durch ein achtes Zeichen, das sogenannte Prüf-Bit, ergänzt werden. Damit läßt sich relativ sicher erkennen, ob sich innerhalb der sieben Zeichen ein Fehler bei der Übertragung eingeschlichen hat.

Computer-Freaks wissen, daß der ASCII-Code auch bei den Computern benutzt wird. So kommt es, daß heute speziell bei Funk-Datenübertragung im ASCII-Code gearbeitet wird, den die Computer problemlos verarbeiten.

Die Geschwindigkeit bei ASCII-Übertragungen beträgt 110 oder 150 Baud (auf Kurzwelle) bzw. 200 Baud (auf Langwelle).

Fehlererkennende und -korrigierende Verfahren

Die Fernschreibübertragung auf dem Funkweg wird natürlich wie jede andere Funkübertragung von vielerlei Störungen beeinträchtigt, insbesondere im Kurzwellenbereich, wo z.B. Schwunderscheinungen (Fading) oder Interferenzstörungen die Signale verstümmeln können.

Nun ist es für viele professionelle Anwender unbedingt erforderlich, Fehler in der Fernschreib-Datenübertragung nicht nur zu erkennen, sondern auch zu korrigieren, um eine Nachrichtenübertragung mit möglichst hoher Sicherheit zu erreichen. Das ist besonders wichtig bei verschlüsselten Nachrichten und bei reinen Daten, wo es wirklich auf die Korrektheit jedes einzelnen Zeichens ankommt.

Diese Anforderung führte zur Entwicklung von fehlererkennenden und fehlerkorrigierenden Codes und Verfahren.

Als Code wird dabei ein 7-Bit-Code angewandt, bei dem von 128 möglichen Kombinationen nur die 35 Kombinationen verwendet werden, bei denen das Mark/Space-Verhältnis 3:4 beträgt. Beim Empfang wird überprüft, ob das empfangene Zeichen dieses 3:4-Verhältnis von Mark und Space aufweist. Wenn dies nicht der Fall ist, liegt ein Fehler vor. Damit läßt sich zunächst aber nur ein Fehler erkennen, nicht aber korrigieren.

ARQ-Verfahren

Um einen fehlererkennenden Code sinnvoll anzuwenden, wurde das Verfahren der automatischen Rückfrage (ARQ = automatic request) entwickelt. Die Station A (Absender) sendet an die Station B (Empfänger) einen Fernschreibtext im 7er-Code mit 3:4 Mark/Space-Verhältnis. Die empfangende Station B überprüft jedes ankommende Zeichen auf dieses Verhältnis. Wird ein Fehler erkannt, dann sendet die Station B an die Station A ein „RQ"-Signal (RQ = request, Frage). Die Station A wiederholt daraufhin so lange die fehlerhaften Zeichen, bis kein Fehler mehr erkannt wird und die Übertragung an der unterbrochenen Stelle fortgesetzt werden kann.

Dieses Verfahren ist ziemlich aufwendig, weil eine gleichzeitige Funkverbindung in Hin- und Rückrichtung erforderlich ist (Duplex). Allerdings ermöglicht das ARQ-Verfahren einen vollautomatischen Fernschreib-Funkverkehr mit annähernd einhundertprozentiger Sicherheit in der Nachrichtenübertragung.

FEC-Verfahren

Das fehlerkorrigierende ARQ-Verfahren eignet sich nur für den Telegrafieverkehr zwischen zwei Stationen und ist relativ aufwendig, weil ja auch beim Empfänger ein Sender in Betrieb sein muß für die RQ-Rückfragen. Besonders für die Fernschreibübertragungen auf einseitig gerichteten Kurzwellen-Funkverbindungen und für den Rundstrahlbetrieb an eine Vielzahl von Empfängern wurde ein Verfahren entwickelt, daß ohne Rückfrage Fehler korrigieren kann.

Mit einem besonderen, relativ komplizierten und mit vielen Prüfbits versehenen Code, bei dem jedes Zeichen zeitlich versetzt zweimal ausgestrahlt wird, kann eine Fehlerkorrektur auch ohne Rückfrage vorgenommen werden. Der Code kann sogar den auf der jeweiligen Übertragungsstrecke auftretenden typischen Fehlern optimal angepaßt werden.

Da eine fortlaufende Kontrolle und ggf. Korrektur durchgeführt wird und die Zeichen schon im Voraus doppelt ausgestrahlt werden, nennt man dieses Verfahren „Vorwärts-Fehler-Korrektur" (forward error correction = FEC).

Selektiv-Ruf

Um einzelne oder eine bestimmte Gruppe von Empfangsstationen gezielt anzusprechen und für einen automatischen Empfang einzuschalten, benutzt man den Selektiv-Ruf. Jede Empfangsstation erhält dazu ein eigenes Selektiv-Rufzeichen

(SEL-CALL). FEC-SEL (FEC-selektiv) heißt, daß nur eine bestimmte Station oder eine bestimmte Gruppe von Stationen angesprochen wird – im Gegensatz zu FEC-COL (FEC-kollektiv) als allgemeine Rundstrahlaussendung an eine Vielzahl von Stationen.

SITOR-Verfahren

Beim ARQ-Verfahren ist eine Duplex-Verbindung zwischen dem Nachrichtenabsender und dem Nachrichtenempfänger notwendig. Für die Rückfrage bei Störungen muß ständig ein Rückkanal zur Aussendung des RQ-Signals in Betrieb sein.

Jede Station muß also über einen Sender und einen Empfänger verfügen, die gleichzeitig arbeiten können. Das wird bei räumlich eng benachbarten Antennenanordnungen, z.b. auf Schiffen, sehr problematisch wegen der gegenseitigen Störungen. Für solche Fälle wurde das ARQ-Halbduplexverfahren entwickelt. Dabei sendet die Station A die Nachrichten in Dreierblöcken aus. Nach jedem Dreierblock wird eine Pause eingelegt. Die empfangende Station B überprüft jeden Dreierblock auf Fehler – wie schon beim ARQ-Verfahren dargestellt – und sendet in der Pause nach jedem Dreierblock ein Quittungssignal bzw. bei Fehlererkennung ein RQ-Signal an die Station A.

Bei dieser Technik wird zwar auch in beide Richtungen gesendet, aber immer nur abwechselnd, nicht gleichzeitig. Daher die Bezeichnung Halbduplex.

Unter der Bezeichnung SITOR (Simplex Telex over Radio) wurde dieses Fernschreibverfahren eingeführt und besonders für den Seefunkverkehr empfohlen. In Verbindung mit einem Selektivrufzeichen für jede SITOR-Station läßt sich ein vollautomatischer Fernschreibverkehr abwickeln.

Für Funkamateure: AMTOR

AMTOR ist die Bezeichnung für „Amateur Microprozessor Teleprinter over Radio" – ein komplexes, fehlerkorrigierendes Fernschreibsystem für den Amateurfunkbereich. AMTOR lehnt sich an die professionellen Funkfernschreibsysteme an und hat große Ähnlichkeit mit SITOR. Bei AMTOR wird entweder mit ARQ oder FEC (und Selektivruf FEC-SEL) gearbeitet.

Welche Funkdienste benutzen RTTY?

Fast alle verschiedenen Funkdienste arbeiten zumindest teilweise auch in der Betriebsart Funkfernschreiben (RTTY), die man im professionellen Bereich auch als TOR (Telex over Radio) bezeichnet.

Im Amateurbereich wird neben der althergebrachten RTTY-Sendung im Baudot-Code auch zunehmend AMTOR angewandt. Auf und in der Nähe folgender Frequenzen findet man Amateur-RTTY: 3575, 7035, 14075, 21075 und 28075 kHz.

Presseagenturen senden fast ausschließlich per RTTY und sind auf vielen Kurzwellenfrequenzen zu empfangen. Die Aussendung erfolgt normalerweise im Baudot-Code mit 50 oder 75 Baud, um den Empfang leicht zu machen und um von möglichst vielen Abnehmern empfangen werden zu können. Nur wenige Agenturen benutzen kompliziertere Verfahren. Ausführliche Informationen mit Frequenzen und Sendeplänen enthält unser Buch „Presseagenturen".

Im Seefunk, also beim Funkverkehr zwischen Küstenfunkstellen und Schiffen, wird neben Sprechfunk und Morse-Telegrafie auch mit Funkfernschreiben gearbeitet. In der Regel wird dann SITOR (ARQ) oder auch FEC angewandt.

Beim Wetterfunk (Meteo) wird die Datenübertragung und die Aussendung von Wetternachrichten überwiegend per RTTY vorgenommen, oft auch von automatisch arbeitenden Stationen. In der Regel arbeiten die Meteo-Stationen mit dem Baudot-Code.

Viele andere Funkdienste, z.B. der feste Flugfernmeldedienst (AFTN), militärische Funkdienste, Botschaftsfunknetze, Interpol und natürlich auch die normalen Fernmeldedienste arbeiten mit Funkfernschreiben. Dabei kommen allerdings alle möglichen speziellen Betriebsarten von Baudot über ARQ/FEC und SITOR bis zu verschlüsselten Sondercodes zur Anwendung.

Verschlüsselung von Nachrichten

Verschlüsseln bedeutet, nicht in „offener Sprache" zu senden. Das darf man nicht verwechseln mit der Anwendung von Abkürzungen und Codes, die zum Beispiel beim Wetterfunk oder Flugfunk grundsätzlich verwendet werden, um die Nachrichtenübertragung zu standardisieren und zu beschleunigen. Diese Codes sind allgemein bekannt, also kein Geheimnis, und lassen sich leicht entschlüsseln.

Manche anderen Funkdienste haben aber das Interesse, ihre Nachrichtenübertragung aus Geheimhaltungsgründen so zu verschlüsseln, daß nicht jedermann die

Nachricht verstehen kann. Dabei handelt es sich naturgemäß beispielsweise um militärische Dienste oder um Botschaftsfunknetze.

Die modernen Betriebsverfahren wie ARQ/FEC eröffnen dabei unendlich viele Möglichkeiten zur individuellen Codierung und damit Verschlüsselung von Fernschreibübertragungen. Es handelt sich dabei dann um modifizierte ARQ-Verfahren (ARQ-../..) oder andere spezielle Codes (SPEC – special code).

Empfang von RTTY-Sendungen

Bis vor ein paar Jahren war es noch sehr schwierig und aufwendig, RTTY-Sendungen zu empfangen. Es sei dabei an die klappernden Fernschreibmaschinen erinnert, die in mancher Funkbude herumstanden und einen Höllenlärm fabrizierten. Diese Zeiten sind aber vorbei, nachdem die moderne Computer-Elektronik ihren Einzug auch in dieses Gebiet gehalten hat. An den Empfänger wird heutzutage nur noch der RTTY-Konverter angeschlossen und daran – je nach Geschmack – ein Bildschirm oder ein Drucker. Und mußte man anfangs noch die einzelnen Parameter (Code-Art, Baud-Geschwindigkeit, Shift-Frequenz, ...) durch mühsames Probieren selbst einstellen, so gibt es heute modernste Konverter, die vollautomatisch arbeiten und eigentlich nur noch eingeschaltet werden müssen.

Die Mehrzahl der interessanten RTTY-Stationen kann bereits mit relativ preiswerten Konvertern empfangen werden, z.B. mit dem TELEREADER CD-670 (ca. 950,– DM), der im Funkfachhandel erhältlich ist (Information: RICOFUNK, Alemannstr. 17–19, 3000 Hannover 1).

Für die RTTY-Konverter der luxuriösen Art muß man über 2000,– DM anlegen.

Voraussetzung zum RTTY-Empfang ist natürlich ein relativ guter Empfänger (z.B. Sony ICF-2001D, Yaesu FRG-8800, Icom IC-R 71 D, JRC NRD-525G o.ä.).

Wichtiger Hinweis – Warnung!

In der Bundesrepublik Deutschland ist der Empfang der meisten RTTY-Funkdienste verboten – im Gegensatz zu einigen anderen europäischen Ländern. Hobby-Kurzwellenhörer dürfen außer dem Rundfunk nur den Amateurfunk empfangen. Lizensierte Funkamateure dürfen neuerdings auch Wetterfunksendungen (Meteo) empfangen. Für den Empfang von Presseagenturen kann man mit der betreffenden Agentur einen Kundenvertrag abschließen und bekommt dann ggf. auch eine Genehmigung der Deutschen Bundespost Telekom. Unsere bundesdeutschen Leser bitten wir, die einschlägigen Bestimmungen zu beachten, insbesondere das Fernmeldeanlagengesetz (FAG).

Fachliteratur:

Eine ausgezeichnete Einführung in die RTTY-Technik besonders für professionelle Anwender gibt das – allerdings recht teure – Buch „Fernschreib- und Datenübertragung über Kurzwelle", erschienen bei Siemens, München (ISBN 3-8009-1391-7, Preis etwa 75,– DM).

Eine Einführung in die Funkfernschreibtechnik, die sich speziell an KW-Hörer wendet, finden Sie im Buch „Zusatzgeräte für den Funkempfang" (siehe Leserservice).

Zur Identifizierung aller RTTY-Sender auf Kurzwelle dient die „Spezial-Frequenzliste". Informationen, Frequenzen und Sendepläne der Nachrichtenagenturen beinhaltet das Buch „Presseagenturen" (siehe jeweils Leserservice).

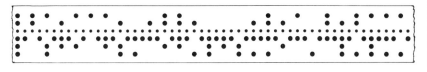

A B C D E F G H I J K L M N O P Q R S T U V W X Y Z

Das Alphabet auf einem Telex-Lochstreifen
(CCITT-Code Nr. 2, dazwischen immer ein Leerzeichen)

VOLMET-Wetterfunk

Nachdem den Funkamateuren neuerdings auch der Empfang von Wetterfunksendungen erlaubt ist, dürfen wir uns ganz offiziell mit diesem interessanten Spezialgebiet des Kurzwellenfunks befassen.

VOLMET-Sendungen sind für die Luftfahrt bestimmte Wetterberichte oder Wettervorhersagen. In den VOLMET-Sendungen hören Sie zum Beispiel Angaben über Windgeschwindigkeit, Sicht, Niederschläge usw. für verschiedene Flughäfen im betreffenden Gebiet.

Bei den VOLMET-Sendungen handelt es sich um ganz normalen SSB-Sprechfunk. Sie wissen vielleicht, daß sich der Flugfunk überwiegend im UKW-Bereich abspielt. Bei großen Entfernungen zwischen Flugzeug und Bodenstation kommt aber nach wie vor der Kurzwellenfunk zur Anwendung.

Ein Pilot auf der Nordatlantikroute kann sich beispielsweise bereits während des Fluges in Minutenschnelle über das gegenwärtige Landewetter sämtlicher Flughäfen im Osten der USA und Kanadas informieren, wenn er die ihm bekannten VOLMET-Sendungen von New York Aeradio oder Gander Aeradio mit dem vorhandenen Kurzwellen-Bordempfänger registriert. Wird dichter Nebel auf dem geplanten Zielflughafen gemeldet, so kann der Pilot frühzeitig seinen Kurs zu einem freien Nachbarflughafen ändern.

VOLMET-Gebiete

Die gesamte Welt wurde zu diesem Zweck in VOLMET-Zonen unterteilt. Jede der Zonen wird von bis zu sechs VOLMET-Sendern nacheinander mit Wettermeldungen versorgt:

V AFI – Africa (Afrika)
V CAR – Caribbean (Karibik)
V EUR – Europe (Europa)
V MID – Middle East (Naher Osten)
V NAT – North Atlantic (Nordatlantik)
V NCA – North Central Asia (Nördliches Zentralasien)
V PAC – Pacific (Pazifik)
V SAM – South America (Süd-Amerika)
V SEA – South East Asia (Südost-Asien)

VOLMET-Frequenzen und Betriebsart

Jedem der vorgenannten VOLMET-Gebiete wurde eine Serie von Sendefrequenzen zugeordnet. Grundsätzlich kann davon ausgegangen werden, daß die niedrigen Frequenzen Anwendung finden, solange im betreffenden Versorgungsgebiet Dunkelheit herrscht. Die höheren Frequenzen werden bei Tageslicht im Versorgungsgebiet eingesetzt.

V-AFI	2860, 3404, 5499, 6538, 8852, 10057, 13261 kHz
V-CAR	2950, 5580, 11315 kHz
V-EUR	2998, 3413, 5505, 5640, 6580, 8957, 11378, 13264 kHz
V-MID	2956, 5589, 8945, 11393 kHz
V-NAT	2905, 3485, 5592, 6604, 8870, 10051, 13270, 13276 kHz
V-NCA	3461, 4663, 5676, 10090, 13279 kHz
V-PAC	2863, 6679, 8828, 13282 kHz
V-SAM	2881, 5601, 10087, 13279 kHz
V-SEA	2965, 3458, 5673, 6676, 8849, 11387, 13285 kHz

Vorsorglich sei darauf hingewiesen, daß es sich in der vorstehenden Auflistung um alle Frequenzen handelt, die in den betreffenden Gebieten verwendet werden dürfen. Das muß nicht heißen, daß auch tatsächlich immer alle Frequenzen wirklich genutzt werden, was aus den nachfolgenden Sendeplänen auch bereits ersichtlich ist!

Die VOLMET-Stationen senden normalerweise in englischer Sprache, Ausnahmen bestätigen die Regel (z.B. senden die meisten sowjetischen Stationen in Russisch). Modulationsart ist wie generell beim Flugfunk SSB (im oberen Seitenband, also USB). Die Sendeleistungen sind nicht besonders hoch, sie liegen zwischen 1 und 5 Kilowatt an rundstrahlenden Antennen. Für ein Flugzeug, daß sich innerhalb des VOLMET-Gebietes befindet, reicht das aber zum Empfang aus.

Was kann der sicher am Boden sitzende Funkamateur oder Kurzwellenhörer denn nun mit den VOLMET-Wetternachrichten anfangen? Ganz zu schweigen vom Empfangserlebnis selbst kann man sich leicht einen Überblick über die Wettersituation an vielen Orten der Welt verschaffen. Und auch zur Beurteilung der aktuellen Kurzwellen-Ausbreitungsbedingungen eignen sich die VOLMET-Stationen, da sie in der Regel parallel auf verschiedenen Frequenzen senden.

Aufbau von VOLMET-Wetternachrichten

Die VOLMET-Stationen berichten über die Wettersituation aller wichtigen Flughäfen in ihrem jeweiligen Bereich. Grundsätzlich muß man unterscheiden zwischen „METREPORT" (Meteorological Report – Wetterbericht) und „FORECAST" (Voraussage). Ein METREPORT ist ein Bericht über die zum Zeitpunkt der Meldung tatsächlich herrschenden Wetterlage im Bereich der angegebenen Orte. Dagegen ist ein FORECAST eine Vorhersage der zu erwartenden Wetterlage für einen bestimmten Zeitraum.

METREPORT wie FORECAST bestehen aus einer ganzen Reihe von Einzelangaben wie Name des Flughafens, Zeitpunkt oder Gültigkeit, Windgeschwindigkeit und Windrichtung, Sichtweite, Wolkenlage und Wolkenhöhe, Temperatur, Taupunkt, Niederschläge und so weiter.

Wenngleich die Wetternachrichten in offener Sprache ausgestrahlt werden, so wird man als Neuling auf diesem Gebiet erst einmal ziemlich irritiert sein. Offene Sprache heißt auch, daß man international vereinbarte Abkürzungen verwenden darf, um die Nachrichten zu standardisieren und um Zeit zu sparen.

Die Station meldet sich zum Beginn der Sendung mit einer Stationsansage, z.B. „This is New York (Airradio/VOLMET)". Dann wird gesagt, ob es sich um einen METREPORT oder FORECAST handelt. Die Zeitangaben sind dabei in UTC und geben entweder den Zeitpunkt des METREPORTS oder den Zeitraum für die Vorhersagedauer beim FORECAST an. Dann folgen die einzelnen Angaben für jeden Flughafen.

❑ Windverhältnisse:

Genannt wird stets die Windrichtung in Winkelgraden (degrees) Norden entspricht 0 Grad, Osten 90 Grad, Süden 180 Grad usw. Die Windgeschwindigkeit wird in Kilometern pro Stunde oder in Meilen pro Stunde (in diesem Fall nennt man es dann „Knoten"; 1 Knoten = 1852 m/Std.) gemeldet. Bei Windböen kommt ggf. noch eine zusätzliche Angabe der maximalen Windgeschwindigkeit hinzu. Die Bezeichnung CALM steht für ruhig/windstill. Umlaufende Winde werden VARIABLE (veränderlich) genannt.

❑ Sicht:

Die Sichtweite (VISIBILITY) am Boden wird bei Sichtweiten unter 5 km in Metern, ansonsten in Kilometern angegeben. Bei geringen Sichtweiten wird zusätzlich die zu sehende Strecke der Landebahn beschrieben. Danach folgen Details über Nebel (FOG, FOGGY, MISTY), Gewitter (Thunder[STORM]), Regen (RAIN, PAINY, PASSING SHOWERS, DRIZZLING), Schnee (SNOW) usw.

❑ **Bewölkung:**

Die Dichte der Bewölkung wird in Achtelstufen (OCTA) angegeben. 5 OCTAS besagt somit, daß der Himmel zu 5/8 bedeckt ist. COVERED bzw. OVERCAST bedeutet, daß der Himmel vollständig bedeckt ist, also acht Achtel. CLOUDS sind einige Wolken. BROKEN bedeutet aufgebrochene Bewölkung. Die Art der Bewölkung wird ggf. mit der meteorologischen Bezeichnung angegeben, also z.b. CIRRUS, STRATUS, CUMULUS, CIRROCUMULUS. Die Wolkenhöhe wird in Fuß (FEET, 1 ft = 30,479 cm) angegeben, ggf. unterteilt in Wolkenuntergrenze (BASIS) und Wolkenobergrenze (CEILING). Bei idealem Flugwetter (Sichtweite mehr als 10 km und Wolkenhöhe mehr als 5000 ft sowie keine Niederschläge bzw. Nebel) erfolgt die Ansage CAVOK (Ceiling and visibility ok) oder CAVU (Ceiling and visibility unlimited).

❑ **Bodentemperatur und Taupunkt:**

Die Bodentemperatur (TEMPERATURE) wird ebenso wie der Taupunkt (DEWPOINT) in Grad Celsius (CENTIGRADE) angegeben.

❑ **Luftdruck:**

Der Luftdruck (QNH) wird in Hectopascal (hPa) oder Millibar genannt.

❑ **Vorhersage:**

Die Wettervorhersage gibt den Trend an, ggf. für eine bestimmte Zeitdauer. Dabei werden folgende Abkürzungen benutzt: GRADU (gradually changes = allmähliche Änderung), RAPID (schnelle Änderung), TEMPO (temporarily changes = zeitweise Änderung), INTER (zwischenzeitliche Änderungen, öfter als TEMPO), PROB (probability = Wahrscheinlichkeit der Vorhersage in Prozent). Wenn keine wesentlichen Wetteränderungen zu erwarten sind, so heißt das „NOSIG" (no significant changes). Das Attribut NIL steht für „nicht, nichts, klein, keine".

❑ **Beispiel:**

Das nachfolgende Beispiel in Kurzform könnte von Tokyo VOLMET stammen.

MET REPORT 1700 TOKYO	Wetterbericht Stand 17 Uhr für Tokyo
WIND 350 DEGREES	Wind aus Richtung 350 Grad
9 KNOTS	9 Knoten Windgeschwindigkeit

VISIBILITY 9 KILOMETERS   Sichtweite 9 Kilometer
5 OKTAS 5000 FT   Fünf Achtel Bewölkung in 5000 Fuß
                                   Wolkenhöhe
DEWPOINT 13   Taupunkt 13 Grad
QNH 1011   Luftdruck 1011 Millibar
CAVOK   Himmel und Sicht in Ordnung

VOLMET-Empfangstips

Nach diesen vielen Erklärungen sind Sie nun fit zum Empfang und zum Verstehen von VOLMET-Nachrichten. Nun einige praktische Empfangstips. (Die Stationen haben feste Sendezeiten innerhalb einer jeden Stunde. Angegeben ist jeweils der Beginn der Sendungen in Minuten nach der vollen Stunde (h+05 bedeutet: jeweils ab der 5. Minute nach der vollen Stunde, usw.). Beginnen wir zum Eingewöhnen mit Shannon:

Immer gut zu hören: Shannon VOLMET

Diese Station ist bei uns auch mit bescheidenen Empfangsgeräten immer gut zu hören. Die Sendungen laufen fast rund um die Uhr.

Die Station Shannon ist in Irland und bestätigt Empfangsberichte mit einer originellen Karte.

V-EUR	Shannon	h+00, h+30	3413, 5505, 8957, 13264 kHz

Wichtig für die Nordatlantikroute:

New York und Gander VOLMET

Etwas schwächer als Shannon, aber immer noch recht brauchbar und regelmäßig sind diese beiden Stationen des Nordatlantik-Gebietes zu hören.

V-NAT	Gander	h+20, h+50	3485, 6604, 10051, 13270 kHz
	New York	h+00, h+30	3485, 6604, 10051, 13270 kHz

Südamerika-VOLMET

V-SAM	Ezeiza	h+15	5601 kHz
	Buenos Aires	h+25, h+55	2881, 5601, 11369 kHz

und außerdem:

Belem/Manaus	6603, 10057, 13352 kHz
Brasilia	6603, 10057, 13352 kHz
Porto Alegre	6603, 10057, 13352 kHz
Recife	6603, 10057 kHz
Rio de Janeiro	6603, 13352 kHz
Sao Paulo	10057, 13352 kHz

Aus Afrika: Brazzaville VOLMET

Die einzige bei uns hörbare afrikanische VOLMET-Station, Brazzaville, sendet ausnahmsweise in Französisch. Beste Empfangschancen hat man abends auf 13261 kHz.

V-AFI	Brazzaville	h+00, h+30	10057, 13261 kHz

Separat arbeiten für Südostafrika:

Antananarivo	h+25	5499, 6617, 10057, 10073 kHz
Johannesburg	h+25	3047, 6716, 9026 kHz

PAZIFIK-VOLMET-Sender

Schwierig ist der Empfang von VOLMET-Stationen aus dem Pazifik-Netz. Beste Chancen hat man auf 8828 und 13282 kHz, wobei Hong Kong und Auckland regelmäßig, wenn auch schwach hereinkommen. Bei den anderen Stationen muß man schon viel Glück und spitze Ohren haben.

V-PAC	Honululu	h+00, h+30	2863, 6679, 8828, 13282 kHz
	San Francisco	h+05, h+35	2863, 6679, 8828, 13282 kHz
	Tokyo	h+10, h+40	2863, 6679, 8828, 13282 kHz
	Hong Kong	h+15, h+45	2863, 6679, 8828, 13282 kHz
	Auckland	h+20, h+50	2863, 6679, 8828, 13282 kHz
	Anchorage	h+25, h+55	2863, 6679, 8828, 13282 kHz

Südostasien-VOLMET-Sender

Ebenfalls schwierig ist der Empfang von VOLMET-Stationen aus dem Südostasien-Netz. Beste Chancen hat man abends auf 6676 kHz, wobei am ehesten Bangkok und Singapore zu hören sind.

V-SEA	Sydney	h+00, h+30	2965, 6676, 11387 kHz
	Calcutta	h+05, h+35	2965, 6676, 11387 kHz
	Bangkok	h+10, h+40	2965, 6676, 11387 kHz
	Karachi	h+15, h+45	2965, 6676, 11387 kHz
	Singapur	h+20, h+50	6676, 11387 kHz
	Bombay	h+25, h+55	2965, 6676, 11387 kHz

(Besonderheit: Singapur sendet als einzige Station der V-SEA Kette nicht auf 2965 kHz!)

Eine weitere VOLMET-Station aus Südostasien:

| Taipei | h+07 | 2880, 5010, 12400 kHz |

Die russischen VOLMET-Stationen

Die Sowjetunion besitzt eigene Flugwetternetze. Die Sendesprache ist Russisch. Es werden die nachfolgenden Frequenzen verwendet:

2869 kHz	6693 kHz	8939 kHz
2941 kHz	6730 kHz	11279 kHz
3407 kHz	8819 kHz	11297 kHz
5691 kHz	8852 kHz	11318 kHz
6617 kHz	8861 kHz	11359 kHz
6685 kHz	8888 kHz	

Darüberhinaus gibt es in der Sowjetunion noch eine VOLMET-Kette in englischer Sprache:

Khabarovsk	h+05, h+35	4663, 10090, 13279 kHz
Tashkent	h+10, h+40	4663, 10090, 13279 kHz
Novosibirsk	h+20, h+50	4663, 10090, 13279 kHz
Moskau/		
Vnukova	h+25, h+55	4663, 10090, 13279 kHz

SOFIA AIRRADIO

Etwas außer der Reihe, dafür aber regelmäßig hörbar, werden Wetterberichte für Südosteuropa von Sofia Airradio ausgestrahlt.

| Sofia, | h+25, h+55 | 11384 kHz |
| (Bulgarien) | | |

VOLMET-Sendungen für den Nahen Osten:

Baghdad	h+00	3001, 5561, 8819 kHz
Beirut	h+15	3001, 5561, 8819 kHz

Wetterberichte der Royal Airforce (RAF) aus England und Zypern

Für den militärischen Flugdienst der britischen Royal Airforce (RAF) sendet die Station West Drayton aus Großbritannien fast ununterbrochen Flugwetterberichte und ist damit gut zu hören. Ein zweiter VOLMET-Sender der RAF befindet sich auf der Mittelmeer-Insel Zypern.

Royal Air Force (RAF) West Drayton, G.B.	4722, 11200 kHz (fortlaufend)
Royal Air Force (RAF) Upavon, G.B.	4742, 5730, 6738, 9032, 11204 kHz (h+00, h+30)
Royal Air Force (RAF) Akrotiri, Zypern	4730 kHz (h+00, h+30)

Weitere militärische VOLMET-Stationen

Royal Canadian Air Force (RCAF) Lahr, BRD	5960, 13231 kHz (h+16)
US Air Force (USAF)	3081, 4746, 6750, 8967, Lajes, Azoren 11271, 13244 kHz (h+00, h+30)
Bundesluftwaffe Lufttransportkommando Münster	5691, 11266, 13246, 18006 kHz (h+10)

Desweiteren sind einige Stationen einer VOLMET-Kette der Royal Canadian Air Force (RCAF) gut in Deutschland zu empfangen:

Edmonton/Alberta	h+20	6753, 9006, 15035 kHz
Trenton/Ontario	h+30	6753, 9006, 15035 kHz
Vancouver/BC	h+35	6753, 9006, 15035 kHz
St. John's/Nfld	h+40	6753, 9006, 15035 kHz

Empfangsberichte an VOLMET-Stationen

An VOLMET-Stationen kann man durchaus Empfangsberichte schicken. Einige Stationen haben sogar richtige QSL-Karten, andere antworten mit einem Standardbrief. Der Empfangsbericht sollte einige Angaben aus dem Wetterbericht enthalten. Da das Mitschreiben schwierig ist, kann man ja zunächst ein Tonband mitlaufen lassen. Die Bestätigung des Berichtes ist eine Freundlichkeit des Personals, man sollte also deshalb ein paar nette Zeilen dazu schreiben und einen oder zwei IRCs als Rückporto beilegen. Die Adressen der wichtigsten VOLMET-Stationen sind anschließend aufgeführt.

TOKYO VOLMET BROADCAST

Based on the Recommendation of ICAO, VOLMET RADIO TELEPHONY BROADCAST stations of San Francisco, Anchorage, Tokyo, Honolulu and Hongkong transmit regularly in that order meteorological information simultaneously on the four different frequencies for aircraft in flight. TOKYO BROADCAST contains reports of Tokyo, Chitose, Nagoya, Osaka, Fukuoka, and Seoul and a forecast for Tokyo.

NTIA Aviation Weather Service, J.M.A.
New Tokyo International Airport, Japan

Adressen der VOLMET-Stationen

Shannon Aeradio, Ballygirreen, Newmarket-on-Fergus, Irland

Gander Aeradio VFG, P.O.Box 400, Gander, NF, A1V 1W8, Kanada

New York Flight Service Station, 5 Airway Road, McArthur Airport, Ronkonkoma; N.Y. 11779, USA

Anchorage International Flight Service Station, 2016 East 5th Av., Anchorage, AK 99501, USA

Hong Kong Aeradio, Telecommunications Unit, Civil Aviation Dept., Hong Kong Airport, Kowloon, Hong Kong

Honululu Flight Service Station, 4204 Diamond Head Road, Honululu, HI 06816, USA

Tokyo Volmet, Aeronautical Weather Service, New Tokyo International Airport, P.O.Box 78, Narita City, Chiba 286-11, Japan

Auckland Airradio, Ministry of Transport, Civil Aviation Division, P.O.Box 53008, Auckland International Airport, Neuseeland

Sydney Volmet, Department of Transport, Air Transport Groups, N.S.W. Region, Sydney Kingsford-Smith-Airport, P.O.Box 211, Mascot, N.S.W. 2020, Australien

Bombay Airradio, Civil Aviation Department, Aeronautical Communications Station, 400057 Bombay, Indien

Calcutta Volmet Radio, Civil Aviation Department, Calcutta Airport, Calcutta 700052, Indien

Karachi Volmet Radio, Department of Civil Aviation, 19 Napier Barracks, Karachi 4, Pakistan

Singapore Volmet Radio, c/o Telecoms Headquarters Communications Center, 31 Exeter Road, Sinpapore 0923, Singapur

Bangkok Volmet Radio, Meteorological Department, 612 Sukumvit Road, Bangkok 11, Thailand

Brazzaville Airradio, ASECNA, B.P. 218, Brazzaville, Kongo

Sofia Airradio, Ministry of Transport, State Aeronautical Inspectorate, 9 Levski Str., Sofia, Bulgarien

Royal Air Force, West Drayton Volmet, National Air Traffic Service, Ports Way, West Drayton, Middlesex UB7 9AY, G.B.

RAF-Radio Station, Officer-in-charge, BFPO 52, Akrotiri, Zypern

Kanadischer Luftwaffenstützpunkt, RCAF, 7630 Lahr

Canadian Forces Base Trenton, Astra, Ontario, Kanada

Bundesluftwaffe, Lufttransportkommando, A6, Manfred-von-Richthofen-Str. 8, 4400 Münster

Zeitzeichensender

Ein kleines, aber nicht uninteressantes Spezialgebiet, das zudem nahezu jedermann völlig legal nutzen kann, ist der Empfang von Standardfrequenz- und Zeitzeichensendern. Für echte Programmhörer mögen die monotonen Zeitzeichensendungen äußerst langweilig sein. Für viele DXer bietet der Empfang von Zeitzeichensendern aber die Möglichkeit, Stationen aus Ländern zu hören, die ansonsten nahezu unhörbar sind.

Ein weiterer Vorteil der Zeitzeichensender ist ihre sogenannte Indikatorfunktion: Da viele Zeitzeichensender tagtäglich rund um die Uhr senden, können zum Beispiel anhand der Empfangsqualität eines südamerikanischen oder australischen Zeitzeichensenders zuverlässige Rückschlüsse auf die allgemeinen Ausbreitungsbedingungen für die betreffende Zielrichtung gezogen werden.

Die Hauptnutznießer von Zeitzeichenaussendungen sind die Navigation und die automatische Synchronisation von ferngesteuerten Uhren. Da die Begriffe „Zeit" und „Frequenz" direkt miteinander verflochten sind, dienen Standardfrequenz- und Zeitzeichensender mit ihren absolut präzisen und äußerst schwankungsarmen Sendefrequenzen zugleich als Referenzfrequenzen, um daraus an jedem beliebigen Ort andere Frequenzen mit großer Präzision ableiten oder bestimmen zu können.

Trotz der auf der Senderseite angestrebten hohen Genauigkeit ist die Übermittlung von Zeitsignalen über Kurzwellensender ein schlechtes Transportmittel. Man denke nur an die unregelmäßigen Ausbreitungsbedingungen und die damit verbundenen häufig wechselnden Signallaufzeiten. Wesentlich besser geeignet ist eine Übermittlung von Zeitsignalen über Sender, die im Lang- und Längstwellenbereich arbeiten. Hinzu kommt die Tatsache, daß es heute auch möglich ist, am jeweiligen Bedarfsort mit Hilfe von Rubidiumgaszellennormalen oder Cäsiumstrahlnormalen die benötigten genauen Zeiten bzw. Frequenzen relativ kostengünstig selber herzustellen. Zusammenfassend kann man sagen, daß die Zahl der Standardfrequenz- und Zeitzeichensender unübersehbar rückläufig ist.

Weitergehende Definitionen und Erläuterungen zur Arbeitsweise von Standardfrequenz- und Zeitzeichensendern würden an dieser Stelle zu weit führen. Wer sich für dieses Thema interessiert, dem sei das ebenfalls im Siebel Verlag erschienene Buch „Zeitzeichensender" von Gerd Klawitter empfohlen.

Betreiber von Standardfrequenz- und Zeitzeichensendern sind gewöhnlich staatliche oder zumindest staatlich unterstützte physikalisch technische oder astronomische Institute. In der Bundesrepublik Deutschland ist es die Physikalisch Technische Bundesanstalt (PTB) in Braunschweig, die mit Hilfe eines Langwel-

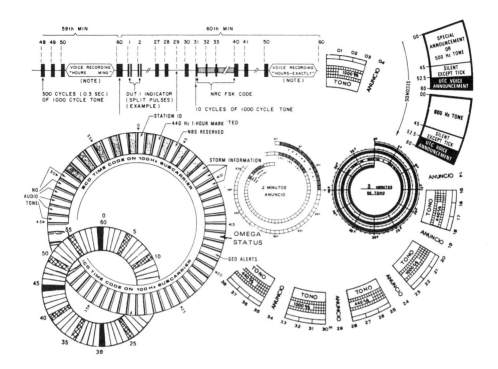

lensenders der Deutschen Bundespost Telekom in Mainflingen bei Frankfurt die Standardfrequenz plus Zeitsignale den Benutzern zur Verfügung stellt. Vielfach übernehmen auch Küstenfunkstationen die Zeitsignale von irgendwelchen Instituten, um die Signale auf diese Weise der Seeschiffahrt zur Navigation anbieten zu können.

Die vorgenannten Institute, in denen „die Zeit gemacht wird" senden in der Regel rund um die Uhr. Die Küstenfunkstellen hingegen bauen die Zeitsignalsendungen nur für wenige Minuten in ihre täglichen Sendepläne ein. Die Sendeleistungen von Standardfrequenz- und Zeitzeichensendern sind meistens sehr gering. Ein, zwei oder fünf Kilowatt sind üblich. Die Ausstrahlung erfolgt meistens über Rundstrahlantennen. Dennoch sind die Sender gut zu empfangen, da es sich häufig nur um schmalbandige A1A-Aussendungen (Telegrafie ohne Modulation des HF-Trägers) oder um A2A-Aussendungen (Telegrafie mit niederfrequent moduliertem HF-Träger) handelt.

Innerhalb des Kurzwellenbereiches von 3 bis 30 MHz sind die „runden" Frequenzen 2,5 MHz, 5 MHz, 10 MHz, 15 MHz, 20 MHz und 25 MHz ausschließlich für Standardfrequenz- und Zeitzeichensender reserviert. Da auf den Frequenzen 5 MHz, 10 MHz und 15 MHz sehr viele Sender gleichzeitig arbeiten, muß man die überwiegend in Telegrafie (Morsecode) abgestrahlten Stationskennungen sorgfältig abwarten, um festzustellen, welchen Standardfrequenz- und Zeitzeichensender man gerade empfängt. Das Tempo der Kennung ist verhältnismäßig langsam, so daß auch weniger geübte Hörer dennoch ohne große Schwierigkeiten den Absender der Kennung herausfinden dürften. Und wer trotz alledem Schwierigkeiten mit dem Morsecode hat, der sollte ein Tonbandgerät mitlaufen lassen, um sich im Bedarfsfall die Kennung beliebig oft anhören zu können. Ein weiteres hin und wieder bei der Identifikation von Zeitzeichensendern hinzukommendes Problem ist die Tatsache, daß einige sowjetische Standardfrequenz- und Zeitzeichensender vier kHz unter bzw. über den eben genannten Frequenzen arbeiten, was zu gelegentlichen Irritationen führen kann. Im Fall der hier sehr gut zu hörenden Station RWM aus Moskau zum Beispiel lauten die Frequenzen: 4996 kHz, 9996 kHz und 14996 kHz. Leichter hat man es da schon mit den zahlreichen Standardfrequenz- und Zeitzeichensendern auf krummen Frequenzen. Wer die genaue Frequenz derartiger Sender am Empfänger ablesen kann, hat den Sender schon so gut wie identifiziert, vorausgesetzt man ist im Besitz einer guten und aktuellen Frequenzliste für Zeitzeichensender.

Standardfrequenz- und Zeitzeichensender sind erstaunlich aufgeschlossen gegenüber Empfangsberichten von Kurzwellenhörern. Viele Zeitzeichensender versenden sehr schöne QSL-Karten, andere antworten per Brief. Rückporto sollte entweder in Form von zwei Internationalen Antwortscheinen oder in Form einer US Dollar-Note beigelegt werden. Bei einer Beschreibung der Empfangsqualität sollte nicht der bekannte SINPO-Code verwendet werden, sondern eine verbale Beschreibung vorgenommen werden. Bezüglich der Beschreibung der gehörten Sendung sollte man einfach den Ablauf der Sendung wiedergeben, wie er auch im Buch „Zeitzeichensender" von Gerd Klawitter beschrieben ist. Gewarnt sei allerdings vor einem blinden Abschreiben aus dem Buch, der eine oder andere Zeitzeichensender ändert auch schon einmal seine Art der Aussendung!

Argentinien (LOL)

Aus diesem Land ist bei guten Bedingungen die Station mit dem Rufzeichen LOL auf 5000, 10000 und 15000 kHz zu hören. Der Sender gehört dem Servicio de Hidrográfica Naval in Buenos Aires. Die Station arbeitet täglich von 11.00 bis 12.00 Uhr, 14.00 bis 15.00 Uhr, 17.00 bis 18.00 Uhr, 20.00 bis 21.00 Uhr und 23.00 bis 24.00 Uhr UTC. Die Stationsansage erfolgt im Klartext im Fünfminutenabstand. Bei einer Sendeleistung von nur 2 kW ist LOL am besten auf 10000 kHz in den beiden Abendsendungen zu hören.

Adresse: Servicio de Hidrográfico Naval, Observatorio Naval, Avenida España 2099, 1107 Buenos Aires.

Australien (VNG)

Nach einer mehrjährigen Sendepause hat die Station VNG im Sommer 1989 den Dienst wieder aufgenommen. Die Sendefrequenzen lauten 5000 kHz (06.45–22.00 Uhr UTC), 10000 kHz (rund um die Uhr) und 15000 kHz (22.00 – 09.00 Uhr). Die Station kann erreicht werden über: Orroral Geodetic Observatory, AUSLIG/DAS, P.O.Box 2, Belconnen ACT 2616 oder PO Box 1090, Canberra ACT 2601.

Australien (Marine)

Damit während der ebengenannten mehrjährigen Sendepause von VNG die Zeitzeichenversorgung Australiens dennoch gesichert blieb, nahm in dieser Zeit ein Zeitzeichensender der australischen Marine den Dienst auf 6448 und 12982 kHz auf. Die Station mit Sitz in der Nähe von Belconnen arbeitet aber auch jetzt noch mit 10 kW rund um die Uhr. Die Adresse: Dept. of Defence, DNC (A-3-22), Russel Offices, Canberra ACT. Empfangsberichte können sogar in deutscher Sprache verfaßt werden, da der Erbauer und Chef der Station, Stan Parker, drei Jahre in München gelebt hat und sich auch heute noch gern in deutscher Sprache übt.

Brasilien (PPR)

In Brasilien erfolgt die Aussendung der Zeitzeichen unter anderem durch die Küstenfunkstelle in Rio de Janeiro. Der Sender mit dem Rufzeichen PPR arbeitet zum Beispiel auf 4244, 8634, 13105, 17194,5 und 22603 kHz um 01.25, 14.25 und 21.25 Uhr. Die Austrahlungen dauern nur fünf Minuten!

Adresse:
Station PPR, EMBRATEL,
Estrada da Matriz 2960,
Guaritiba 23000, RJ.

Bundesrepublik Deutschland (DCF77)

Der einzige auf Kurzwelle tätige Zeitzeichensender Deutschlands befand sich bis zum 30. 06. 90 in Nauen in der ehemaligen DDR. Der dortige Sender mit dem Rufzeichen Y3S und der Frequenz 4525 kHz hat allerdings am 01. 07. 90 den Dienst eingestellt, da die Standardfrequenz- und Zeitzeichenversorgung des wiedervereinigten Deutschlands viel besser mit Hilfe des Langwellensenders DCF77 in Mainflingen bei Frankfurt a.M. zu realisieren war. DCF77 arbeitet rund um die Uhr mit 50 kW Leistung auf 77,5 kHz. Der Sender wird von der Deutschen Bundespost betrieben und mit den Zeitzeichen der Physikalisch Technischen Bundesanstalt in Braunschweig (Bundesallee 100) beschickt.

China V.R. (BPM)

Betreiber der dortigen Zeitzeichenstation mit dem Rufzeichen BPM ist das Shaanxi Astronomical Observatory mit der Adresse: Academia Sinica, P.O.Box 18, Lintong (Xian). BPM ist hier mit seinen relativ starken Sendern von 10–20 kW Leistung gut auf 5000 kHz (09.00–01.00 Uhr), 10000 kHz (rund um die Uhr) und 15000 kHz (01.00–09.00 Uhr) zu hören. BPM versendet auf Empfangsberichte eine sehr schöne QSL-Karte.

China Rep. (BSF)

Von der Insel Taiwan ist die Station BSF gelegentlich auf 5000 und 15000 kHz zu empfangen. Voraussetzung allerdings sind optimale Empfangsverhältnisse, handelt es sich doch um einen Sender mit lediglich 2 kW Leistung. BSF sendet rund um die Uhr und identifiziert sich jeweils um 00, 10, 20, 30, 40 und 50 Minuten jeder Stunde. Die Adresse von BSF lautet: Telecommunications Laboratories, Ministry of Communications, P.O.Box 71, Chung-Li, Taiwan 32099

Ekuador (HD2IOA)

Die Station HD2IOA (lies: „Hotel Delta zwei India Oskar Alpha") steht in Guayaquil und sendet mit einem 1 kW starken Sender auf 3810 kHz (05.00–07.00 Uhr), 5000 kHz (17.00–18.00 Uhr) und 7600 kHz (18.00–05.00 Uhr). HD2IOA gehört eher zu den schwer zu empfangbaren Zeitzeichensendern. Am erfolgversprechendsten ist der nächtliche Empfang auf 7600 kHz. Die Adresse: Instituto Oceanográfico de la Armada, Casilla 5940, Guayaquil.

Hawaii (WWVH)

Auf der Insel Kauai befindet sich der Standardfrequenz- und Zeitzeichensender WWVH, der vom National Bureau of Standards betrieben wird. WWVH arbeitet auf 2500, 5000, 10000 und 15000 kHz. Morgens sind die Sendungen auf 15000 kHz hin und wieder in Deutschland zu empfangen. Da die gleichen Frequenzen auch von WWV aus Fort Collins, Colorado, USA (siehe dort) benutzt werden, sollte man bei der Identifikation von WWV und WWVH Obacht walten lassen: WWVH sagt sich im Klartext immer zwischen der 45sten und 52,5ten Sekunde jeder Minute an, WWV folgt mit seiner Stationsansage zwischen der 52,5ten und der 60sten Sekunde jeder Minute!

Die Adresse: Radio Station WWVH, Department of Commerce, National Bureau of Standards, P.O.Box 417, Kekaha, HI 96752, USA.

Indien (ATA)

Der indische Subkontinent wird mit Zeitsignalen von der Station ATA aus Neu Delhi auf 5000 kHz (12.30–03.30 Uhr), 10000 kHz (rund um die Uhr) und 15000 kHz (03.30–12.30 Uhr) versorgt. Wer ATA hören möchte, der sollte in der 14ten, 29sten, 44sten und 59sten Minute einer jeden Stunde besonders gut hinhören, denn nur in diesen vier Minuten einer jeden Stunde ist eine kurze ATA-Stationsansage zu vernehmen. Adresse: National Physical Laboratory, Hillside Road, New Delhi-110012.

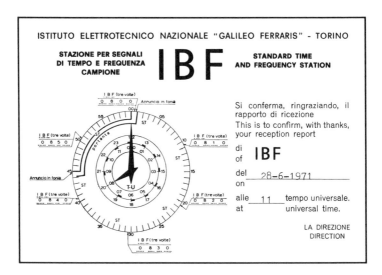

Italien (IBF, IAM)

Ein sehr bekannter und gut hörbarer italienischer Zeitzeichensender ist die Station IBF aus Turin auf 5000 kHz. IBF sendet in der Viertelstunde vor folgenden vollen Stunden: 07.00, 09.00, 10.00, 11.00, 12.00, 13.00, 14.00, 15.00, 16.00, 17.00 und 18.00 Uhr. In den Minuten 50 und 60 der vorgenannten Sendezeiten erfolgt eine gut verständliche Stationsansage in Italienisch, Englisch und Französisch. Die Adresse: Istituto Elletrotecnico Nazionale Galileo Ferraris, Strada delle Cacce 91, I-10135 Turin.

Der zweite weniger bekannte italienische Zeitzeichensender steht in Rom und trägt das Rufzeichen IAM. Auch IAM arbeitet auf 5000 kHz, ist aber dort nur sehr schwach während seiner beiden jeweils einstündigen Sendungen von 07.30 Uhr bis 08.30 Uhr und von 10.30 Uhr bis 11.30 Uhr täglich zu empfangen. Die Adresse: Istituto Superiore delle Poste e delle Telecomunicazioni, Ufficio 8 Rep. 2, Viale Europa 190, I-00144 Rom.

Japan (JJY)

Aus Sanwa sendet der Zeitzeichensender JJY auf 2500, 5000, 8000, 10000 und 15000 kHz rund um die Uhr seine Impulse aus. Die besten Empfangschancen hier in Europa sind der Frequenz 15000 kHz einzuräumen. JJY identifiziert sich im langsamen Morsecode jeweils in der 9ten, 19ten, 29sten, 39sten, 49sten und 59sten Minute einer jeden Stunde. Die Adresse lautet: Frequency Standard Division, The Radio Research Laboratory, Ministry of Posts and Telecommunications, Koganei 184, Tokyo.

Kanada (CHU)

Ein altbekannter Zeitzeichensender ist die Radio Station CHU aus Ottawa. CHU arbeitet ohne Unterbrechung auf 3330 kHz und 14670 kHz mit jeweils 3 kW und auf 7335 kHz mit 10 kW Leistung. Alle drei Frequenzen sind nachts etwa gleich gut in Deutschland zu empfangen. Jede Minute wird die Zeit abwechselnd in englischer und französischer Sprache zusammen mit einer Stationskennung angesagt. Die Adresse: Radio Station CHU, National Research Council of Canada, Ottawa, Ontario K1A 0R6.

Korea Rep. (HLA)

Relativ jung ist die Standardfrequenz- und Zeitzeichenstation HLA aus Südkorea. HLA ist ein seltener Gast in Europa. Auch mit noch so viel Glück und technischem Aufwand sind die Signale von HLA auf 5000 kHz nur sehr, sehr selten hier zu empfangen. Wer es dennoch versuchen möchte, der sollte zwischen der 52,5ten und der 60sten Sekunde einer jeder Minute die Ohren für die Stationsansage offenhalten. Die Adresse: Korea Standards Research Institute, P.O.Box 3, Taedok Science Town, Taejon, Ch'ungnam 300-31.

Spanien (EBC)

Die spanische Marine betreibt in San Fernando nahe Cádiz die Station EBC auf den Frequenzen 6840 kHz und 11173,5 kHz. Die Sendungen auf der 11 MHz-Frequenz sind manchmal morgens zwischen 09.59 Uhr und 10.25 Uhr hier zu hören. Adresse: Instituto y Observatorio de Marina, San Fernando (Cádiz).

Südafrika (ZUO)

Auf der Frequenz 5000 kHz dringen abends gelegentlich die Signale von ZUO Pretoria bis hierher nach Europa vor. ZUO betreibt einen weiteren Sender auf 2500 kHz, dieser ist aber hier so gut wie unhörbar. Die Stationskennung erfolgt in langsamem Morsecode in den allen vollen fünf Minuten vorangehenden Minuten, also zum Beispiel um xx.04 Uhr oder xx.19 Uhr u.s.w. Die Adresse: National Physical Laboratory, P.O.Box 395, Pretoria 0001.

OMA CZECHOSLOVAKIA

Tschechoslowakei (OMA, OLB5)

Die uns nächstgelegene auf der Kurzwelle tätige Zeitzeichenstation steht in Liblice und arbeitet auf 2500 kHz (Rufzeichen OMA) bzw. auf 3170 kHz (Rufzeichen OLB5). Beide Sender arbeiten abgesehen von einigen kurzen Wartungspausen an jedem ersten Mittwoch des Monats ansonsten durchgehend. Stationsrufzeichen werden nicht gesendet. Die Adresse: Astronomical Institute, Budecská 6, CS-12023 Prag 2.

USA (WWV)

Bereits bei der Beschreibung des Zeitzeichensenders WWVH auf Hawaii trafen wir auf das National Bureau of Standards. Von diesem Institut wird in Fort Collins, Colorado, USA ein sehr starker Zeitzeichensender mit dem Rufzeichen WWV betrieben. WWV arbeitet auf 2500, 5000, 10000, 15000 und 20000 kHz rund um die Uhr. Die Stationsansage erfolgt im Klartext minütlich zwischen der 52,5ten und der 60sten Sekunde. Die Adresse: Radio Station WWV, 2000 East County Road 58, Fort Collins, Colorado 80524.

UdSSR

In den UdSSR gibt es 15 Standardfrequenz- und Zeitzeichensender, wobei nachfolgend jedoch nur die auf der Kurzwelle arbeitenden Sender vorgestellt werden.

RWM steht in Moskau und arbeitet auf 4996, 9996 und 14996 kHz, RID steht in Irkutsk und arbeitet auf 5004, 10004 und 15004 kHz, RTA sendet von Novosibirsk aus auf 10000 und 15000 kHz, und RCH ist in Tashkent beheimatet. RCH ist tätig auf 2500, 5000 und 10000 kHz. Mit den Identifizierungen ist es etwas schwierig. Hier sollte im Bedarfsfall auf die bereits genannte Fachliteratur zurückgegriffen werden. Die Adresse für alle sowjetischen Stationen lautet: The State Committee of Standards of the Council of Ministers of the USSR, 9 Leninsky Prospekt, 117049 Moskau.

Venezuela (YVTO)

Von Caracas aus sendet YVTO auf 5000 kHz. Wenn überhaupt Aussicht auf einen Empfangserfolg besteht, so nur nachts. Die Stationsansage im Klartext erfolgt minütlich zwischen der 52sten und 57sten Sekunde. Die Adresse: Dirección de Hidrografia y Navegación, Observatório Cagigal, Apartado Postal No. 6745, Caracas.

Diplome für Welthörer

Viele Kurzwellenhörer lassen sich die eigenen Empfangsleistungen durch Empfangsbestätigungen (QSL-Karten) von den Sendern bestätigen. Das muß nicht unbedingt sein, denn auch ohne QSL-Karten kann man Freude am Weltempfang haben. Andererseits macht das QSL-sammeln aber auch Spaß und man kann die vielen bunten Karten dekorativ zur Schau stellen.

Daran anknüpfend vergeben verschiedene Clubs und Rundfunksender eine ganze Reihe von Diplomen. Als echter Wellenjäger ist man natürlich stolz, das eine oder andere Diplom als Schmuckstück wie auch als Dokumentation der intensiven Funkempfangspraxis vorweisen zu können.

Wer sich für den Erwerb von Diplomen interessiert, sollte zunächst einmal die aktuellen Informationsblätter bei den Diplom-Managern (gegen Beilage von Rückporto) anfordern. Schöne und interessante Diplome vergeben zum Beispiel:

ADDX e.V. (Diplom-Manager: Andreas Schmid, Postfach 61, D-8737 Euerdorf),

AGDX/adxb-oe (Diplom-Manager: Josef Haas, Berndorferstr. 2, A-2552 Hirtenberg),

EAWRC (Diplom-Manager: Adolf Schwegeler, Bahnhofstr. 56, D-5042 Erftstadt 1).

Auf den folgenden Seiten stellen wir Ihnen als Beispiele einige interessante Diplome vor. Das „BC Heard All Continents Diplom" der adxb-oe ist relativ leicht zu bekommen: Nachzuweisen ist je eine Empfangsbestätigung für den Empfang einer Rundfunkstation aus Europa, Asien, Afrika, Nordamerika, Zentral- oder Südamerika und Australien oder Ozeanien. Alle Empfangsbeobachtungen müssen an einem Kalendertag getätigt worden sein.

Gut zu den ersten Kapiteln dieses Buches passen die beiden Diplome des EAWRC, nämlich das „Mittelost-Diplom" und das „Afrika-Diplom", die jeweils für eine bestimmte Anzahl von bestätigten Ländern aus der arabischen Welt bzw. aus Afrika verliehen werden.

BC-HEARD ALL CONTINENTS DIPLOM DER ADXB-OE

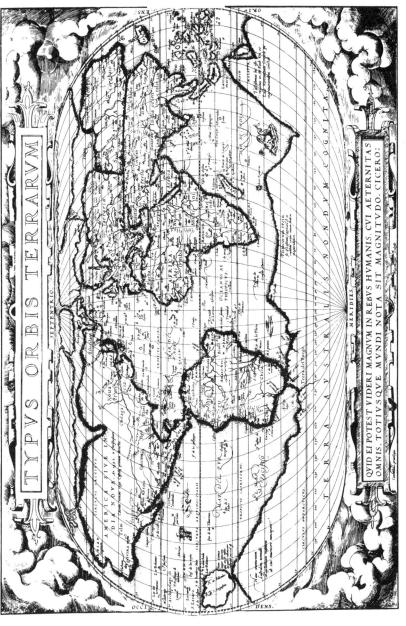

TYPVS ORBIS TERRARVM

QVID EI POTEST VIDERI MAGNVM IN REBVS HVMANIS, CVI AETERNITAS OMNIS, TOTIVSQVE MVNDI NOTA SIT MAGNITVDO, CICERO:

This is to confirm that the Bearer of this Award has presented one QSL each of his logbings of BC stations in Europe, Africa, Asia, North America, Central or South America, and Australia or the Pacific. All stations were logged between 0000 and 2400 hours of one day GMT.

Es wird bestätigt, daß der Diplominhaber je ein QSL über den Empfang von BC-Stationen aus Europa, Afrika, Asien, Nordamerika, Zentral- oder Südamerika und Australien oder dem Pazifik vorgelegt hat. Alle Stationen wurden an einem Tag GMT von 0000 - 2400 empfangen.

ADXB-OE/BC-HAC-Award No. .... OM .... Date of reception .... Signaturté ....

A S S O Z I A T I O N   J U N G E R   D X – E R   I N   Ö S T E R R E I C H   –   A D X B – O E

AFRIKA DIPLOM
EAST AND WEST RADIO CLUB

30

XYL
YL
OM _____

erhalt das Diplom Nr: ____ für den bestätigten Empfang

von Rundfunkstationen aus 30 afrikanischen Ländern!

Köln , den _____   _____

(HARDY BORGER)   (ADOLF SCHWEGELER)

DIPLOM

EAWRC

EAST AND WEST RADIO CLUB

الكتاب العربي لهواة الراديو في الشرق والغرب

ERHÄLT DAS
DIPLOM NR. DES EAWRC
FÜR DEN BESTÄTIGTEN
EMPFANG VON LÄNDERN
DER ARABISCHEN WELT.

Köln, den   1. Vorsitzender   Diplomabteilung

Leserservice

Der **Siebel Verlag** befaßt sich ganz speziell mit der Herausgabe und dem Vertrieb von Büchern zum Hobby Weltempfang/Kurzwellenhören. Unser Leserservice liefert alle interessanten Bücher per Post überall hin – egal, ob Sie in Wanne-Eickel, Wien oder Wellington wohnen. Ausführliche Informationen über sämtliche von uns angebotenen Bücher enthält der Funk-Buch-Katalog, den wir auf Anfrage kostenlos und unverbindlich verschicken. Nachfolgend eine Kurzvorstellung der wichtigsten Titel.

Sender & Frequenzen
Jahrbuch für weltweiten Rundfunk-Empfang

Dieses Standardwerk sollte neben keinem Empfänger fehlen. Es enthält alle wichtigen Informationen über sämtliche hörbaren Rundfunksender aus über 170 Ländern der Erde: Sendefrequenzen, Sendezeiten, Sendepläne, wertvolle Hinweise auf die besten Empfangschancen, Adressen und viele interessante Tips. Weiterhin: Hörfahrpläne der deutsch-, englisch- und französischsprachigen Rundfunksender für Hörer in Europa sowie die komplette Frequenzliste der Rundfunksender auf Langwelle, Mittelwelle, Tropenband und Kurzwelle von 150 kHz bis 30 MHz. 496 Seiten mit vielen Abbildungen. Preis: DM 39,80 (im Preis inbegriffen: Lieferung von drei Nachträgen (je 32 Seiten) mit allen up-to-date Informationen im Laufe des Jahres.

Tropenband-Handbuch
Dieses Buch führt Sie sicher durch den Dschungel der tropischen Radiowellen! Zahlreiche faszinierende und exotische Sender warten auf Ihre Entdeckung! Mit vielen Erläuterungen zu den Besonderheiten des Tropenbandempfangs und Tips für die Empfangspraxis. 192 Seiten mit vielen Abbildungen. Preis: DM 24,80.

Weltempfänger-Testbuch
Endlich „Durchblick" im Geräte-Angebot. Wir sagen klipp und klar, welche Empfänger – für wen und für welchen Zweck – etwas taugen, und welche nicht! Ausführliche Vorstellungen und Beurteilungen sämtlicher Weltempfänger. Außerdem viele leichtverständliche Erläuterungen und Erklärungen zur KW-Empfänger-Technik. 176 Seiten im Großformat (fast DIN A4) mit vielen Fotos und Abbildungen. Preis: DM 26,80

Antennen-Ratgeber für KW-Empfang
Alles über Außenantennen, Innenantennen und Aktivantennen. Handfeste, praxisgerechte Informationen, wertvolle Ratschläge und Anleitungen für den Laien, der ohne große Mühe die richtige Antenne für erfolgreichen Kurzwellenempfang einsetzen will. 120 Seiten mit vielen Abbildungen. Preis: DM 15,80

Zusatzgeräte für den Funkempfang
In diesem Buch werden alle Zusatzgeräte für den Funkempfang vorgestellt, in der Anwendung erklärt und beurteilt, z.B.: Decoder für den Empfang von Funkfernschreiben (RTTY) und Morsezeichen (CW), Bildfunk-Konverter (FAX), Lang- und Längstwellen-Konverter LW/VLF, Aktivantennen, Mittelwellen-Rahmenantennen, Anpaßgeräte, NF-Filter, Notch-Filter u.a., 96 Seiten im Großformat (fast DIN A4) mit vielen Fotos. Preis: DM 19,80

Ionosphäre und Wellenausbreitung

Zusammenhänge zwischen Sonne, Ionosphäre und weltweitem Funkempfang – Vorhersage von Ausbreitungsbedingungen – Funkprognosen

Ein wertvolles Buch für alle KW-Hörer, die wissen wollen, warum weltweiter Funkempfang überhaupt möglich ist und wie man Empfangschancen erkennen und ausnutzen kann! 104 Seiten mit vielen Zeichnungen und Graphiken. Preis: DM 17,80.

Spezial-Frequenzliste 9 kHz – 30 MHz

SSB-CW-FAX-RTTY – See- und Flugfunk, Wetterfunk, Presseagenturen, Zeitzeichen und spezielle Funkdienste...

Das unentbehrliche Nachschlagewerk über die „speziellen" Sender auf Kurzwelle. Über 10.000 Sendernennungen über sämtliche Funkdienste (ausgenommen Rundfunk) mit allen wichtigen Angaben. 320 Seiten. Preis: DM 29,80

UKW-Sprechfunk-Handbuch VHF/UHF-Frequenzliste 30 MHz – 400 GHz

Alle interessanten Informationen über den UKW-Sprechfunk, z.B. Frequenz- und Kanaltabellen sowie ausführliche Erläuterungen zu den verschiedenen Funkdiensten wie Betriebsfunk, Autotelefon, Sicherheitsdienste (BOS), Seefunk, Rheinfunk, Flugfunk, Zugfunk u.a., 160 Seiten. Preis: DM 19,80

CQ, QRX & Co. – Abkürzungen und Codes im Funkverkehr

Das umfassende Nachschlagewerk, in dem alle Abkürzungen verzeichnet sind, die dem Kurzwellenhörer, Amateurfunker oder jedem anderen Funker täglich begegnen, im Funkgeschehen, in Zeitschriften oder Büchern. 176 Seiten. Preis: DM 14,60

Rechtstips für Funkamateure und Kurzwellenhörer

Rechtsanwalt Dr. Wendt gibt in verständlicher Form Antwort auf alle rechtlichen Fragen, die sich dem KW-Hörer stellen (z.B.: Ihr Recht beim Gerätekauf – Wer darf was hören? – Wer darf welches Gerät benutzen? – Antennenverbote – Ärger mit dem Vermieter – etc.). 112 Seiten. Preis: DM 15,80

Presseagenturen – Porträts – Sendepläne – RTTY-Frequenzen

Die Presseagenturen in aller Welt versorgen ihre Kunden mit aktuellen Nachrichten und vielen anderen Informationen. Viele der Agenturen bedienen sich der Übertragung per Funkfernschreiben (RTTY) auf Kurz- und Langwelle. In diesem Buch werden alle Agenturen vorgestellt und die kompletten Sendepläne veröffentlicht. 128 Seiten. Preis: DM 21,80

Zeitzeichensender

Grundlagen der Zeitmessungen, ausführliche Vorstellung sämtlicher Zeitzeichenstationen weltweit mit allen Einzelheiten, komplette Frequenzliste aller Zeitzeichensender, funkgesteuerte Uhren. 120 Seiten mit vielen Abbildungen. Preis: DM 16,80

Jahrbuch für den Funkamateur

Enthält eine Fülle unentbehrlicher Informationen aus dem Amateurfunkbereich, z.B. alle Landeskenner, alle wichtigen Abkürzungen, Q-Codes, Verkehrsabwicklung, Frequenzbereiche/Bandpläne, Relaisstationen, Länderlisten, Bakensender u.v.a., 216 Seiten. Preis: DM 19,80

Rundfunk auf UKW

Das Nachschlagewerk über unseren heimischen Rundfunk gibt einen kompletten und detaillierten Überblick über alle Rundfunkanstalten und Privatradios. Sie finden darin ausführliche Sendertabellen, viele andere wichtige Informationen, alle Adressen und eine komplette UKW-Frequenzliste (BRD und angrenzendes Ausland). Ein Extra-Kapitel befaßt sich mit Technik-Tips für besseren UKW-Empfang. 160 Seiten. Preis: DM 15,80

DIERCKE-Taschenatlas der Welt

Dieser Atlas im Taschenbuchformat sollte immer griffbereit neben Ihrem Empfänger liegen. 180 Seiten, davon 131 farbige Kartenseiten. Alle Karten basieren auf dem millionenfach bewährten DIERCKE-Weltatlas. (dtv) Preis: DM 12,80

DX-Vokabular – Musterbriefe, Textbausteine und Wortlisten für Empfangsberichte in Englisch, Französisch, Spanisch, Portugiesisch u.a. Sprachen. Mit Hilfe dieser Broschüre ist es jedem DXer problemlos möglich, Empfangsberichte in allen wichtigen Sprachen zu verfassen. 72 Seiten. Preis: DM 9,80

Die SINPO-Cassette – Empfangsbeurteilung akustisch erklärt

Anhand von vielen akustischen Beispielen wird leichtverständlich und nachvollziehbar erklärt, welche Bedeutung der SINPO-Code hat und wie man ihn richtig anwendet. Toncassette 60 Minuten. Preis: DM 14,80

Logbuch für KW-Hörer

Ein Logbuch als Arbeits- und Dokumentationsunterlage ist unerläßlich, wenn man das Kurzwellenhören als Hobby erfolgreich betreiben möchte. Alle wichtigen Empfangsdaten werden in das Logbuch eingetragen: Datum, Zeit, Sender, Frequenz und SINPO-Bewertung sind obligatorisch. Daneben steht viel Raum für Programmeinzelheiten, Bemerkungen und andere Angaben nach eigenen Wünschen zur Verfügung. 68 Seiten DIN A5. Preis: DM 6,80

Empfangsberichtsvordrucke

Wer eine QSL-Karte (Empfangsbestätigung) von einer Rundfunkstation haben möchte, muß einen Empfangsbericht nach bestimmten Regeln schreiben. Unsere Empfangsberichtsvordrucke erleichtern dies ganz erheblich. Nutzen Sie diese praktischen und zeitsparenden Vordrucke im DIN A5-Format, die Raum für alle notwendigen Einzelheiten eines Empfangsberichtes bieten. 100 Stück-Packung mit Anleitung. Preis: DM 8,50

Bestellung: Postkarte genügt! Wir liefern innerhalb weniger Tage mit Rechnung. Auch ins Ausland. Den aktuellen **Funk-Buch-Katalog** erhalten Sie auf Anfrage kostenlos. Bitte richten Sie Ihre Anfragen und Bestellungen an folgende Adresse:

Siebel Verlag – Leserservice

D-5309 Meckenheim, Auf dem Steinbüchel 6, Telefon (02225) 3032, Telefax (02225) 3378